上智大学経済学部教授
新井範子

変革のアイスクリーム

「V字回復」を生んだ13社のブランドストーリーに学ぶ

ダイヤモンド社

はじめに

私たちの舌とノドを喜ばせ、幸せな時間をつくってくれるアイスクリーム。もちろん私の冷蔵庫にも、夏でも冬でもいつでもお気に入りが入っていて、仕事で疲れたときなど、その冷たくて甘い優しさが頭の芯まで私を癒してくれる。

さて、この本は、そんな私の大好きなアイスクリームという商品を通じて、そこに隠されているさまざまなマーケティングの秘密を探っていこうという試みである。でも、なぜアイスクリームなのか？

ご存じのように、日本経済はもうずいぶん長い間低迷を続けている。かって輝いていた経済はすっかり自信を失くしてしまったように見える。

１９９１年のバブル経済崩壊から始まった経済の低迷を、その10年後、人は「失われた10年」と呼んだ。その後、多少持ち直したかに見えた日本経済だったが、２００８年、今度はサブプライムローン問題をキッカケに世界同時不況へと突入する。結局、それ以降も低迷から脱却することのないまま過ぎた期間に先の10年を足して、今度は「失われた20年」と呼んでいる。さらに今後、かつての高度成長期や安定成長期のような経済成長が起こらなければ「失われた30年」の可能性さえあるといわれている。

実際、30代までの若い人たちは、まだ一度も自信に満ち溢《あふ》れた日本経済というものを経験したことがないはずだ。経済の低迷とは、私たちの日常生活に即していえば、つまり、モノが売れないということ。自動車が売れない。家電が売れない。衣料品が売れない。食品が売れない。——そんな声をみなさんも一度ならず聞いたことがあるはずだ。

しかし、ここに、アイスクリームが販売量を伸ばしているという事実がある。なんと２００３年を底に「V字回復」しているのだ。これはスゴイことである。私はにわかに興味をそそられた。アイスクリームの業界やマーケットに何があったのか、どんな工夫があり、どんな努力があり、どんな変革があったのか。

その秘密を探るために、日本を代表するアイスクリームメーカー13社にお話を聞くことにした。アイスクリーム業界を牽引してきた各社の売れ筋商品にスポットを当てることで、きっとV字回復の理由や背景が見えてくるに違いないと考えたのだ。

そこには、アイスクリームという商品に対する愛情はもちろんのこと、思わず膝を打つようなアイデアや、目からウロコのノウハウがいっぱい詰まっていた。これらのアイデアやノウハウは、アイスクリーム以外の商品を売る場面でもきっと大切なヒントになることだろう。そう私は確信している。

上智大学経済学部教授
新井範子

目次

はじめに —— 1

プロローグ —— 8

第1章 新しいスタイルとイメージの創出

森永乳業〈パルム〉
成熟したマーケットを打ち破ったデイリープレミアム® —— 16
大人をターゲットにしたアイスをつくれ！／新商品の体験を一人でも多くの人に

KEYWORD 手の届くプレミアム

ロッテアイス〈クーリッシュ〉
「飲むアイス」がつくり上げたアイスクリームの新常識 —— 30
ライバルはペットボトル入りの清涼飲料水／市場の奪還を狙った戦略的商品
変化を狙って仕掛けられた商品

KEYWORD いつでもどこでものポジショニング

第2章 日本独特「和風」アイスの確立

井村屋〈あずきバー〉

カッチカチに固い理由は小豆への「固い」こだわりの表れ —— 46

ブランドとしてのあずきバー／小豆と向き合い続けて生まれたハイブリッド商品

小豆の選別と炊き方が小豆あんの生命線／小豆という原料が持つ大きな可能性

KEYWORD 確固たるコアベネフィット

丸永製菓〈あいすまんじゅう〉

「和菓子風アイスクリーム」ではなく「冷たい和菓子」をつくる —— 62

久留米から全国に販路が広がった理由／「冷たい和菓子」をつくるという気概

ロングセラーであり続けるための戦略

KEYWORD 和菓子へのコンセプト変換

第3章 成熟市場で「贅沢さ」を追求

ハーゲンダッツ ジャパン〈ハーゲンダッツ ミニカップバニラ〉

ただ1つのブランドでプレミアム感を徹底的に追求 —— 80

米国企業の日本進出と日本法人の立ち上げ／ブランドはハーゲンダッツただ1つ

「おいしい」という実利を伴ってこそのブランド

KEYWORD ハーゲンダッツというブランド体験

オハヨー乳業〈ジャージー牛乳バー〉

ジャージー乳の認知度アップがロングセラー商品をつくり上げる —— 94

ブランド化への道のり／素材を最大限に活かす製法にこだわる

企業規模と立地条件を活かす

KEYWORD 成分ブランディングを核としたブランド展開

クラシエフーズ〈ヨーロピアンシュガーコーン〉
四半世紀を超えて愛され続ける「主婦の友」―― 110
原宿のアイスクリームコーンを家庭に／日本の主婦とともに30年
強いブランドであり続けるために
KEYWORD ターゲティングの明確さ

第4章 「面白い！」が広げるアイスへの導線

赤城乳業〈ガリガリ君〉
「アイスクリーム売場に人を集める！」販促企画をその一点に集約 ―― 126
マーケティング担当者が把握し切れないほどの数を仕掛ける
ガリガリ君ができるまで、できてから／新奇さと意外性。それを実現する技術力
KEYWORD プラットフォーム化するブランド

協同乳業〈ホームランバー〉
食べるだけではない楽しみを創出 当たりくじ付アイスの元祖 ―― 142
昭和30年代の世相から生まれたコンセプト／原点に戻って再スタートを切る
小さな幸せを届けて半世紀にわたって売れ続ける理由
KEYWORD ワクワク感を生み出すゲーミフィケーション

フタバ食品〈サクレレモン〉
栃木発の「ソフト氷」はご当地ブームで大爆発！ ―― 158
「ソフト氷」という新ジャンルを生み出す／ご当地ブームに乗って大躍進！
SNSを使ったコミュニケーション作戦
KEYWORD 親近感を生み出す顧客参加型マーケティング

第5章　BIGサイズでストレートに訴求

森永製菓〈チョコモナカジャンボ〉
すべては「パリパリ」に始まり「パリパリ」にこだわり続ける ―― 174
チョコモナカジャンボ倍増作戦／「パリパリ」マーケティングに徹する
進化する「パリパリ」
KEYWORD　パリパリという経験価値

江崎グリコ〈ジャイアントコーン〉
ただの「ジャイアント」を超えるジャイアントへ ―― 190
後発メーカーとしてのスピリット／消費者の満足度を高める秘けつ
定番の安心感を生み出す
KEYWORD　ジャイアントを守るブランドアイデンティティ

明治〈明治エッセルスーパーカップ　超バニラ〉
「スーパー」という文字に込められたイノベーションへの思い ―― 206
「スーパー」の名にふさわしいカップアイス／「超バニラ」はイノベーションの証し
日本の「バニラの王道」を行く
KEYWORD　王道のバニラという基本価値回帰

あとがき ―― 220

※本文中の部署、役職名は取材時のもの。
本文敬称略。

プロローグ

マーケットを読み、マーケットを変革することの大切さを、アイスクリームが教えてくれる。

アイスクリーム業界の「失われた10年」と「V字回復」

近年の夏の猛暑も手伝って、アイスクリーム業界は至って好調である。しかし、ずっと好調だったわけではない。図1を見てほしい。日本のアイスクリーム業界全体の年ごとの販売額を表したグラフである。1980年代以降順調に伸びていた販売額が、1994年をピークに極端に下降線をたどり始めるのが分かる。そして2003年に底を打ったのち、そこから再び右肩上がりに転じていることも見て取れる。

まさに絵に描いたような「V字回復」である。この間、アイスクリーム業界には何があったのだろう。

　史上最悪といわれた前年の冷夏とは打って変わり、１９９４年の夏は未曾有《みぞう》の猛暑となった。アイスクリームは生産が追いつかないほどの売れ行きを見せ、業界は過去最大の販売額を記録する。しかし、そこから一転、バブル崩壊後のいわゆる「失われた10年」はアイスクリームのマーケットにも影を落とし、ほぼ10年間、わが国のアイスクリームの販売額は縮小し続けたのである。

図1 アイスクリームの販売額の推移

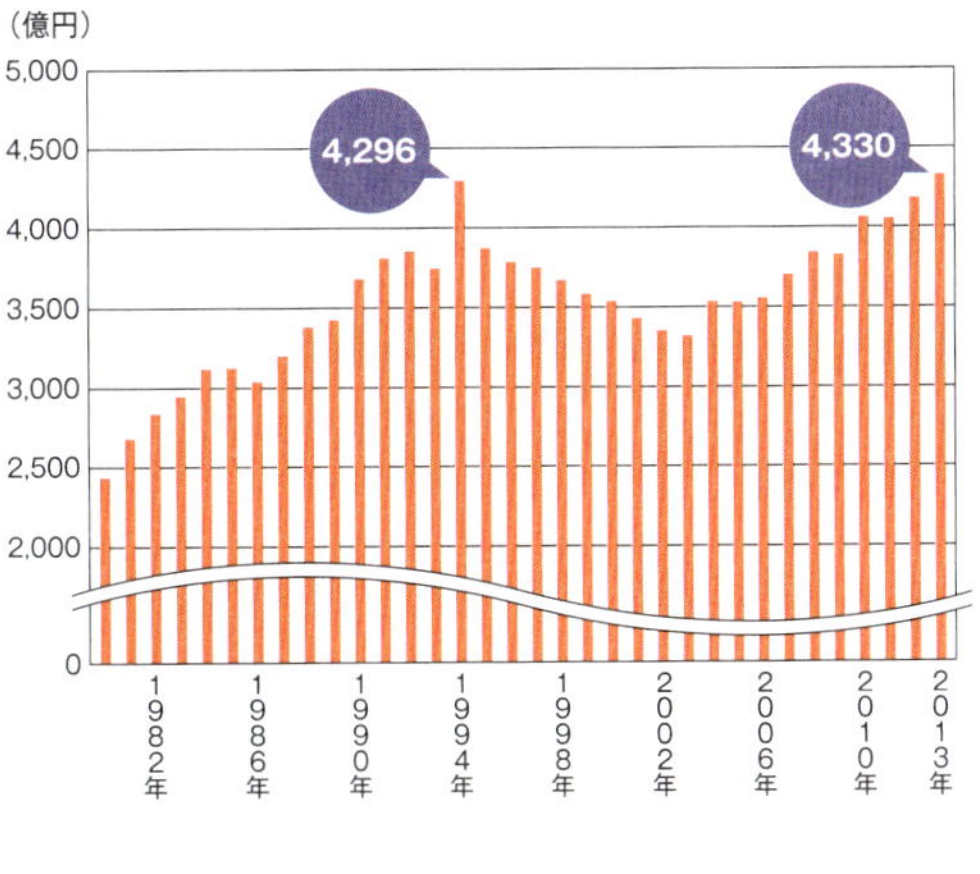

　理由はいろいろと考えられる。一つには、各社、差別化戦略のためにフルラインの商品戦略を取り、必要以上にアイテムを増やしすぎてしまったこと。商品が売れ残り、その「不動在庫」処理のために量販店で安値で売るようになり、結果として販売価格の低下を招いてしまったのである。

さらに、アイスクリーム部門が収益を上げられないことで、設備投資が減少し、設備が老朽化し、高品質の、あるいは新商品としてのアイスクリームが製造できなくなっていったことが挙げられる。その結果、従来のアイスクリームの大きなターゲット層であった子どもや女性が、新たなイノベーション展開をしていたプリンやケーキといったチルドデザート、ヨーグルトや飲料へと移行していったのである。

コンビニエンスストアが増加して、それまでのアイスクリームの主要販売先であった一般小売店が減少していったというような、チャネルの変化への対応の遅れなどもあった。

マーケットの拡大とアイスクリームの位置付けの変化

それでも、ほぼ10年間の苦しい低迷の時代を乗り越えて、アイスクリーム業界は再び販売額を増やし、見事に「V字回復」を遂げたのである。2013年には、これまでのピークであった1994年を凌《しの》ぐ販売額を記録した。その後もマーケットは拡大し続けており、いまや販売額5000億円

／年を目標に掲げるほどになっている。ここに至るまでのアイスクリーム業界と各社の努力は並大抵のものでなかったであろう。各社の具体的施策と努力のケースを紹介する前に、マーケティングの視点から、この「V字回復」とマーケットの拡大についてざっと見ておきたいと思う。

まず、アイスクリームの位置付けの変化について見てみたい。

かつてアイスクリームは「夏の子どものおやつ」という位置付けであった。子どもたちが大好きなおやつというのがアイスクリームの定番だったものが、時代の変遷とともにより広い年齢層へと受け入れられていった。子どもはもちろん、大人たちにも、そして嚥下《えんげ》しやすく水分や栄養が摂取できるということで高齢者にも好まれ、いまや年代を問わずアイスクリームは受け入れられている。さらに、かつては夏の暑いときだけのものであったアイスクリームを、いまは季節を問わず一年中食べるようになっている。「冬の寒い日に暖かい部屋で食べるアイスクリームは格別」という人も多い。

いつ、どんなときに食べるかということでいえば、子どものおやつとして、食後のデザートとして、さらには、食事の間のお口直し「グラニテ」に、高齢者や病気のときの栄養や水分補給に、あるいは高級アイスクリームの登場によって「自分へのご褒美《ほうび》」としてと、生活の中でアイスクリームが登場するシチュエーションは、かつてよりもぐっと増えてきている。

　さまざまな形態のアイスクリームが登場してきていることも、マーケット拡大の大きな要因となっている。カップやバーだけではなく、クッキーやウエハースでサンドしたもの、あるいは従来のものとはまったく違う形で持ち運びしやすくしたり、いままでの常識にはなかった味を出したりと、実にバリエーションが豊富になっている。（図2―①、②、③）

図2-① 年齢層と気温で見るアイスクリームの変化

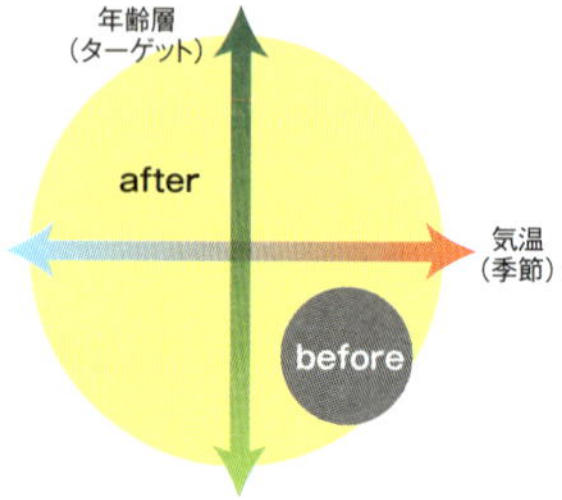

図2-② 価格と種類で見るアイスクリームの変化

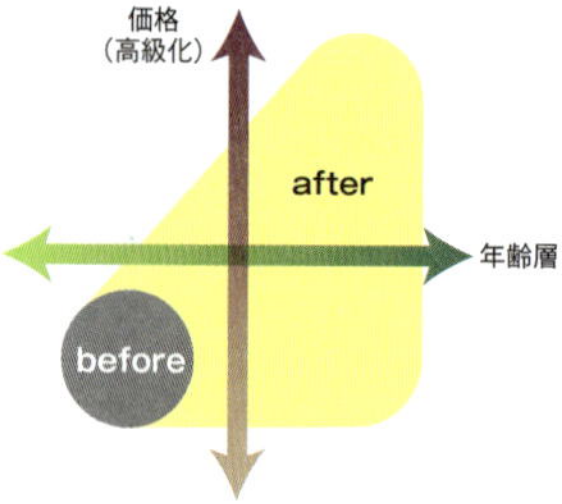

図2-③ 形態とシチュエーションで見るアイスクリームの変化

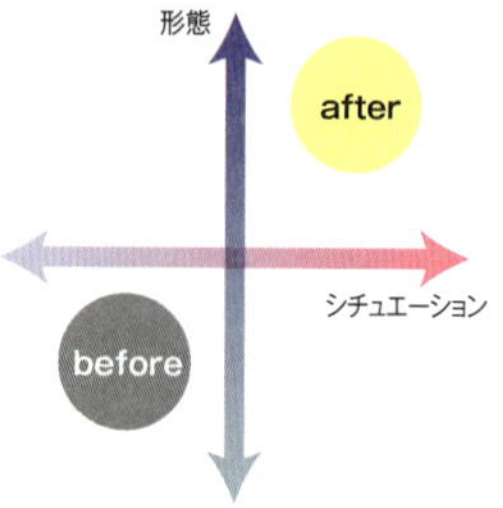

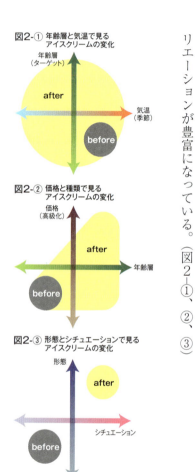

変化への敏感な反応が「V字回復」を支えた

アイスクリームを支える背景の変化も重要だった。アイスクリームは、冷凍状態で運んで、しかも保存できなくてはならない。かつては、このことは一つのネックであった。アイスクリームを買っても、家が遠ければ溶けてしまう。その心配は、コンビニエンスストアの店舗数が解消した。店と家が近くなったのである。

冷蔵庫の進化もアイスクリームには追い風となっている。ライフスタイルの変化によって冷凍食品の需要が増え、家庭用冷蔵庫の冷凍コーナーも次第に大型化し、家庭でもアイスクリームが簡単に保存できるようになってきた。ここ10年ほど、アイスクリーム5、6個が入ったマルチパックが売上を伸ばしている要因はここにある。同じように、コンビニエンスストアやスーパーマーケットに設置された冷気の逃げないオープンショーケースの技術の進化、あるいは冷凍での保存や流通の整備など、流通方面の努力も忘れてはならないポイントであろう。

しかし、やはり何といっても、アイスクリームの位置付けや背景の変化に敏感に反応して、マーケティングの4P（表1）などによって常にマーケットを見直し、特性を分析し（Segmentation）、顧客層を絞り（Targeting）、位置付けして（Positioning）、開発や販売方法にさまざまな施策を実行し、マーケットを変革していったアイスクリーム各社の努力と奮闘こそが、この見事な「V字回復」の最大の要因であることは間違いない。

表1

Product（商品）	製品ラインナップ／品質 デザイン／製品特長 ブランド名／パッケージング サイズ／保証体制 返品可能性／アフターサービス モデルチェンジ　など
Price（価格）	定価／割引／値引き 利益幅／支払期限 支払条件／信用取引条件 など
Place（流通）	チャネル／流通経路 流通範囲／品揃え 店舗立地／在庫／輸送 場所　など
Promotion（販売促進）	販売促進／広告 セールスフォース／PR インターネットマーケティング ダイレクトマーケティング コミュニケーション 人的販売／口コミ　など

第1章　新しいスタイルとイメージの創出

森永乳業〈パルム〉
ロッテアイス〈クーリッシュ〉

森永乳業〈パルム〉

成熟したマーケットを打ち破ったデイリープレミアム®

成熟した社会は一見豊かに見えるが、その反面、新しい分野に挑戦する意欲や大きな変化を求める欲望は失われることが多い。製造業の世界でも、既存商品の中で価格競争などの後ろ向きな競争が行われるようになり、市場は次第に縮小していく。この状況は2000年代初頭のアイスクリーム業界にも当てはまるものであった。打開策として森永乳業株式会社（以下、森永乳業）が開発したのが〈パルム〉である。

大人をターゲットにしたアイスをつくれ！

開発部門の課題「コモディティ化」

２０００年代初頭、小泉内閣による構造改革、規制緩和が断行され、いざなみ景気と呼ばれた景気拡張が続いたが、その一方で、物価の下落と企業の利益減少が繰り返して押し寄せるデフレスパイラルが起こり、その結果、企業の人員や賃金が削減されて消費者の所得格差が拡大することになった。

社会構造の視点から見ると、団塊《だんかい》の世代が50代となり、いよいよ少子高齢化が現実の課題として避けて通れないものとなっていた。日本の社会全体が元気を失い、企業活動にも沈滞ムードが漂うこととなったのである。

それまでの日本企業はあらゆるジャンルにおいて多種多様な商品を生み出し、日本の隅々まで行き渡らせてきた。それは、あるときには「成熟化」というキーワードで表現された。

成熟化が進む中で、製造業の企業は悩んでいた。特に、開発部門に身を置く人たちは一つの大きな課題と向き合っていた。その課題とは「コモディティ化」。消費者にとってどの商品を購入しても大差がない、商品にメーカーごとの特色が見られなくなっている状況のことである。

この状況はアイスクリーム業界にもピッタリと当てはまるものであった。さまざまなアイスが出揃い、価格競争が激化する中で、コモディティ化を打開する商品を開発する必要があった。

プレミアムアイスクリームではない答えを求めて

〈パルム〉の発売は２００５年、開発は03年から始められた。

その狙いは、「大人が満足できるシンプルで上質なアイスクリーム」の開発。重要なのは「大人が満足できる」という点である。森永乳業の開発チームは、少子高齢化が進む中でアイスクリームを売っていくためには、大人からの支持が不可欠であると考えたのだ。

言い換えると、成熟化とコモディティ化に満たされたかに見えるマーケットに、大人のためのアイスクリームという隙間《すきま》を想定したのである。

当時から現在までを見渡しても、大人をターゲットにした商品開発の常套《じょうとう》手段は「スーパープレミアムアイスクリームの領域で新商品を出す」というものである。ところが、森永乳業はそうはしなかった。

この選択には、当時のアイスクリーム市場の背景が関係している。高度な技術力を背景に、どの商品も質が向上し、その結果、消費者は価格で商品を選ぶようになったのである。スーパーマーケットではマルチパックが商品の主流になり、当然、家庭の冷凍庫にはマルチパックがこれまで以上に場所を占めることになった。もちろん、そういう品揃えに物足りなさを感じて、スーパープレミアムアイスに手を伸ばす消費者もいたが、高価格であったために、日常的に食べるというまでには普及していなかった。

森永乳業の開発チームは、スーパープレミアムアイスクリームを「ウィークエンドプレミアム」と設定した。週末の贅沢《ぜいたく》という意味合いである。これに対して、これから開発する商品を「デイリープレミアム®」と位置付けた。平日のちょっとした贅沢。それを具現化することが、コモディティ化を打破することにつながると考えられた。

特徴は「なめらかさ」「口どけ」「コク」

しかし、開発チームはある意味で一番高いハードルを越えるアプローチを選択したということもできる。大人はアイスクリームの食体験を十分に蓄積し、味覚のジャッジにも厳しいことに加えて、自分たちは成熟化した市場を前にしているという既成概念を持っている。明らかな違いや魅力を提示しない限り、その商品に飛び付くことはない。

高いハードルを越えるポイントとして、開発チームは「なめらかさ」「口どけ」「コク」に独自性を盛り込み、商品の特徴とすることにした。

まず「なめらかさ」。繊細な舌を持つ日本人、特に大人は食感や口当たりにこだわりが強い。そこで、〝違いの分かる大人〟がおいしいと感じられる「なめらかさ」を追求して、差別感をつくり出そうとしたのである。

アイスクリーム類は、水と原料を混ぜ合わせたミックスを凍結させる際に時間がかかると、中にできる氷の結晶が大きくなる。この氷の結晶が大きいほど、食べたときのなめらかさを阻害する要因となる。新商品は、急速凍結することで氷を微細なサイズに抑え、なめらかな口当たりをつくり出すことになった。

２つ目の「口どけ」は、バニラアイスクリームとチョコレートの一体感を追求することで生み出された。従来のチョコバーアイスは、口に入れたときにアイスを包んだチョコがパリッと割れるくらいに固く、さらに口の中ではアイスが先に溶けてしまうため、後味にチョコばかりが残ってしまっていた。

そこで開発チームは、パリッと割れず、かつしっとりとした生チョコのような食感のチョコレートを目指して取り組み、最終的に口の中でバニラアイスクリームとチョコが一緒に溶けるような特長のある口どけを実現させた。

３つ目の「コク」には、乳業メーカーとしてのこだわりが反映している。原料として、プレミアムアイスクリームに使われるのと同等のクリームや脱脂濃縮乳を主な乳原料として使用し、乳固形分15％以上、乳脂肪分８％以上を含むアイスクリーム規格に仕上げた。さらに、これらの乳原料だけでは足りない深みを出すためにマスカルポーネチーズを使った。

製造はパルム専用の設備で進められた

新商品の開発にあたって設定された「なめらかさ」「口どけ」「コク」という3つの特徴は、研究所での繊細なトライ&エラーの積み重ねを経て実現した。発売の時点ではアイスクリームづくりの最高峰の技術を背景とした〝おいしさ〟がそこに結実していた。

こうした技術レベルの高い食品を世の中に送り出すときには、生産現場の設備が技術に追い付くことができていないという問題が生じることがある。この商品開発の場合も当初は同様であった。

しかし、このときの「デイリープレミアム®」アイスクリームは生産現場の刷新を前提に開発されたのである。森永乳業のアイスクリーム製造の主力工場である冨士乳業三島工場は、海外から新設備を導入し、さらに理想とするアイスクリームバー製造のために独自の改造を施した。このように従来とは異なるステップで商品を開発し、設備改造によりその製造を可能にしていた。

当時、研究所で開発チームの一員であった冷菓事業部冷菓マーケティンググループアシスタントマネージャー谷口・ブエ 真奈美が、開発チームの期待感を語ってくれた。

「アイスクリーム製造の機械は徐々に進化していますが、工場単位では古い機械を捨てて新しくすることはあまりなく、メンテナンスしながら老朽化したらパーツを交換するということがほとんどです。

ところが、２００５年の富士乳業三島工場の場合、原料の倉庫、ミックスをつくるプロセス、フリージング、バーの製造ライン、そして最後の保管冷凍倉庫に至るまでほぼすべてを、パルム用に変更できる滅多にない機会でした。それだけに、パルム専用設備に改良し、新しい商品を世に問おうという思いは誰もが持っていました」

最新の技術と設備によって生み出されたかわいらしいバーアイスは、イタリア語の「ｐａｌｍａ（パルマ、手のひら）」にちなんで「ＰＡＲＭ（パルム）」と名付けられた。

新商品の体験を一人でも多くの人に

「プラス50円」の主張に込めた思い

マルチパックに収められたパルムの価格は1箱350円に設定された。ほとんどのマルチパック商品が300円という市場で「プラス50円」の主張。それはすべてにこだわりを持ち、最新の設備によって生み出された商品に対する、森永乳業の自信を表していた。

しかし、販売の最前線からは違和感が伝わってきた。「マルチパックの棚に並べ難い」。従来商品と異なる売場をつくり、商品を管理する煩雑《はんざつ》さが嫌がられたのである。言い換えればコモディティ化という怪物の声でもある。それに屈することは、個性を失い、同質化されることを意味していた。

このとき、森永乳業は「試食販売」という、見方によってはあまりにも地味な策を採る。怪物に対して槍一本で立ち向かうという構図だ。

しかし、思いは強い。

「食べてもらえば、きっと分かる」

この地道な反撃は、少しずつではあるが地歩を固めることに成功した。スーパーマーケットの店頭で試食した主婦たちの間で、「パルムはおいしい」「いままでにないバーだ」という口コミが広がっていったのだ。

結果論になるが、販売最前線の違和感に対して試食販売で切り返したことはたいへん理にかなっていたといえる。第一に、商品の良し悪しをジャッジする権利を持っている消費者にダイレクトにアプローチしたということ。第二には、情報伝達ではなく「体験」で訴えたこと。この２つのキーによって、パルムは差別化に成功し、デイリープレミアム®商品としての存在感を示したのである。

２００５年春の発売から半年ほどを経過して手応えをつかむと、売上は上向き、08年には初年度の２倍以上、13年度には同じく8倍となった。

チョコ付けを体験するイベントが大好評！

２０１４年度、パルムのテレビＣＭは、ナイス・ミドルの紳士（寺尾聰）が街中にあるお洒落な「パルムショップ」を訪れ、コーティングされていないパルムのバーに自らチョコや果汁・果肉をコーティングして食べるというものだ。

この「パルムショップ」は架空のものだが、テーマパークにあったらきっと長い行列ができるのではないかと思わせる、シズル感と夢のあるショート・ストーリーだ。

実は、このCMのベースになっているのは、森永乳業が2011年から店頭で実施し、13年度には大規模イベントに発展した「チョコ付け体験イベント」である。まだパルムのおいしさに出会っていない消費者に、話題性があり、試食につながる企画として実施され、大きな反響を呼んだ。自分でチョコを付けるというちょっとした体験が新鮮なのだが、このチョコに付けたパルムが「おいしい！」のも人気の秘密である。谷口は説明する。

「チョコ付けしてその場で食べるパルムは、チョコがまだ完全に固まっておらず、またアイスの温度も上昇しているため、なめらかな食感を味わっていただけると思います。お客様からは『あ、生パルム』という声をいただくほどです」

実際に、このイベントの効果は顕著で、体験した人の声がツイッターやフェイスブックで大きく拡散している。大型イベントは年に４〜５回だが、店頭でのイベントはもっと頻繁に行われている。「どこで、チョコ付けやっていますか？」というファンの問い合わせがあるため、森永乳業では開催予定店舗と日程をパルムｗｅｂサイトで告知している（情報非公開の要望がある一部店舗を除く）。

パルムが残したコモディティ化への処方箋

現在パルムはアイスクリーム＋チョココーティングをベースにしたシリーズと、２０１２年から発売した高果汁フルーツコーティングを施したフルーツパルムという２本の軸を展開し、いずれも消費者の支持を獲得することに成功している。

最初に提示したように、パルムは、成熟化した市場（と消費者の既成概念）が醸し出すコモディティ化の懸念を打破する使命を帯びて登場した商品である。私たちはこのパルムの残した軌跡から、実に多くのことを学び取ることができる。

市場（と消費者）が求める価格重視の声はもっともではあるが、メーカーはそこにのみ追従していてはいけない。価格競争を脱していくためには、価格維持の働きかけをするのではなく、市場の成熟化・コモディティ化を打破する新商品を打ち出さなければならない。成熟化の中で勝負する新商品は、明らかな差別化要素を持つ必要がある。しかも、それは「満たされた顧客」の想像を上回るものでなければならない。

新商品の優位性を確かなものにするためには、新しい技術と、それを安定的に製造する新しい設備が必要である。新商品を、既成の価格帯より上に位置付けるためには消費者の支持が不可欠である。消費者の支持は、新商品の「体験」をテコにすることが有効である。その体験は、それ以前の商品と新商品の差を明らかに示し、消費者に新しい価値をもたらすことを実証するものでなければならない。

こうしたアプローチは、アイスクリームのみならず多くの業界が抱えているコモディティ化への処方箋として記憶されるに値するものといえるだろう。

KEYWORD

手の届くプレミアム

【プレミアム】premium
プレミアム戦略とは、商品を通常よりも高級感のある素材、製法、パッケージなどにすることで、消費者に贅沢さをアピールしていくこと。

ビールや食品、ホテルや自動車、さまざまな分野でプレミアムな商品やサービスが登場している。アイスクリームのマーケットにおいても、多種のプレミアムアイスクリームが登場している。それらの多くは洗練された素材を使い、あるいは特別な製法を駆使した高級感のあるもので、たいていの場合、一般的なものよりも高価格帯での展開となっている。そんな中、森永乳業の〈パルム〉は「デイリープレミアム®」と銘打ち、高価格にすることなく、高い技術力に裏付けされた高い品質によってプレミアム感をつくり出すことに成功している。

プレミアムアイスにするとどうしても高価格になってしまうというジレンマを見事に乗り越え、価格とプレミアムというそれぞれの価値を両立させた好例といえる。

ロッテアイス〈クーリッシュ〉

「飲むアイス」がつくり上げたアイスクリームの新常識

一企業が起こしたビジネス上の革新「イノベーション」は、単なる技術的な進歩や発明にとどまらず、消費者の生活や社会のあり方をも一変させることがある。いわば「常識破り」の一面も持っている。2003年、アイスクリームの世界では「飲むアイス」と銘打って株式会社ロッテ（現・株式会社ロッテアイス、以下ロッテ）が〈クーリッシュ〉を発売。それはアイスクリーム業界の「常識破り」となった。

ライバルはペットボトル入りの清涼飲料水

ＩＴの普及がもたらしたアイスの科学的分類

イノベーションは、一時的な流行や現象ではない。新しくて大きな価値や行動を生み出すことで、人のライフスタイル、市場や社会に革新的な変化をもたらす。携帯電話、スマートフォンのイノベーションが、人々の生活、企業行動、市場動向、ひいては産業構造にどれだけの影響を与えたことか。

アイスクリームの世界で起こったイノベーションとは、どんなものだったのか。始まりは、パソコンの普及でいっそう精密にできるようになった消費動向の分析であった。

１９９０年代初め、総理府統計局がスーパーコンピューターを使って年に１回ほど、日本人の嗜好をテーマとしたクラスター分析を行っていた。クラスター分析とは、いくつかの基準で集団をグループ分けし行動や心理を分析する手法のこと。

１９９７年、博報堂や日本能率協会コンサルティング（ＪＭＡＣ）を中心に、その分析手法をさまざまな商品のマーケティングに活用するプロジェクトが立ち上がり、ロッテも参加した。折りしも98シリーズのパソコンが普及した時代。それまでスーパーコンピューターが行っていたクラスター分析をパソコンで行うという新しいチャレンジだった。

最初のテーマとして取り上げられたのは、アイスクリーム。その結果は、ロッテ関係者にとってまさに目からウロコ。そのときの様子を、執行役員統轄部長の荒生均は次のように語る。

「我々メーカーは、アイスクリームをカップ、スティック、コーン、モナカというように自分たちが設定したカテゴリーで分けていますが、お客様が買うときはそのカテゴリーを意識しているわけではありません。このとき分かったアイスクリームのカテゴリー特性は、〝甘い〟〝おいしい〟〝冷たい〟、それに〝乳製品で健康感がある〟。お客様はこの4つの特性をイメージしているということです」

〝甘い〟という特性では、プリンやケーキ、チョコレート、あるいはココアなどとの比較で食べられており、お菓子類との競合があることが分かった。

〝おいしい〟という特性を表す事実として、お菓子・デザート類で最も嫌いな人が少ないのがアイスクリームであることが分かった。そして、90％以上の人が、「年に1回以上アイスクリームを食べる」と回答した。同じロッテの商品でも、「年に1回以上食べる」という回答は、ガムでは半分ほど、チョコレートでも80％にとどまる。

〝冷たい〟という特性は、「のどが渇いたとき」「クールダウンしたいとき」「暑い日」、「お風呂上がり」や「熱があるとき」などに飲食の動機に結び付いていた。

〝健康感〟という特性は、アイスクリームにヨーグルトに近いポジションを与えるよう作用していた。ユーザーカテゴリー分析の結果、このような特性が具体的な数字として分かったのだ。

ここまでの分析結果には、それほど驚くことは含まれていない。多くの人が、なるほどと頷く内容だろう。では「目からウロコ」とは何だったのか。

ペットボトルに奪われたアイスクリーム市場

アイスクリームは、多くの人に好まれてはいるが、かなり広いカテゴリーの商品と競合する。たとえば、アイスクリームは「のどが渇いたとき」や「暑いとき」にほしくなるという特性を持った商品だが、調査結果をさらに深く読み解いていくと、この特性がアイスクリームの減少要因となっている事実にロッテの開発陣は気が付いたのである。それは機能性飲料を中心とした飲料との競合であった。

かつてのバニラアイスの主力商品「イタリアーノ」。

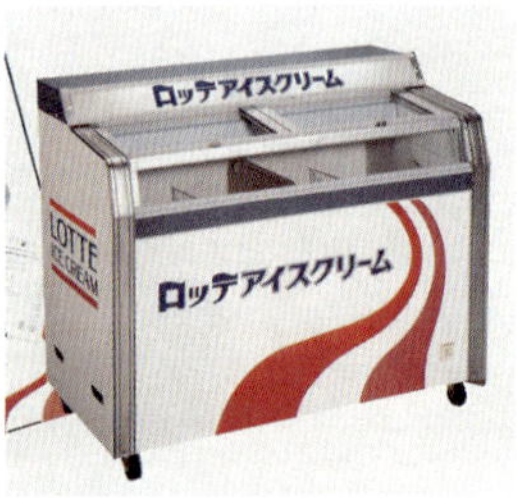

小売店販売用の冷凍ケース。

　１９８０年代初頭、大塚製薬からポカリスエットが発売されると、その成功を追うようにスポーツドリンクや、さらに水にビタミンなどの栄養素やごく少量の果汁を加えたニアウォーター系飲料が次々と登場した。その結果、喉の渇きを癒し、体をクールダウンするというシーンでは、かなりの市場を機能性飲料に奪われていたのである。とくにかき氷類の落ち込みは顕著だった。一方で、飲料のカテゴリーでは機能性飲料のブレイクスルーを弾みとして、お茶やジュース類などの清涼飲料に加え、ミネラルウォーターまでもが売上を伸ばしていった。

　その要因の一つに、１９８３年以降、飲料の容器としてペットボトルが出現したことが挙げられる。ペットボトルに入れられたことによって、飲料は保存性の向上に加え、簡単に持ち運べるという携帯性までも手に入れた。アイスクリームを食べるときは、その場で腰を落ち着け、スプーンなどを使わなければならないが、ペットボトル飲料はいつでも気軽に口にすることができて、さらにキャップを閉めれば次に飲みたくなるまで保存できる。取り扱い上の機能レベルが数段も優れていたのである。

市場の奪還を狙った戦略的商品

アイスクリームの食感を変えた〈爽〉

ユーザーカテゴリー分析から見えてきた要素を前提として、ユーザーのニーズを満たし、飲料との競合にも強い新商品の開発が始まった。

アイスクリームが食べられるのはのどの渇きを癒し、クールダウンしたいときであるが、一方で食べた後でまたのどが渇き、水が飲みたくなるという相反する要素を持っている。それが飲料との競合においてネガティブに作用していた。「これを何とかしよう」とロッテ開発陣は考えた。

この開発プロジェクトによって生み出されたのが、1999年発売の〈爽〉だ。爽の成分構成は、通常の2倍という濃いアイスクリームミックスに、微細な氷を混ぜるという方法を採っている。全体としての甘さや濃さは一般的なアイスクリームと変わらないが、アイスクリームミックスと氷を混在させることで食感や口どけ感はかなり違ったものになる。

2倍の濃さのアイスクリームミックスは、氷点降下を起こしてマイナス10

℃以下になっても凍らず、軟らかさを保っている。そのため、爽を食べると最初に軟らかくて濃いアイスクリームミックスを味わうことになる。そして、最後の1秒以内でアイスクリームミックスに混ぜられた微細な氷が溶けた水分を感じる。この水が、一匙ごとに舌を洗い流し「食べた後にのどが渇く」というネガティブな作用を抑える役割を果たす。

　こうした特徴を持った組成に加え、ボリュームと新規性のある四角いパッケージを特徴として爽は発売され、消費者の支持を得てヒット商品となった。

〈爽〉1999年発売当時のパッケージ。

〈爽〉2014年のパッケージ。

携帯可能なチアパックを採用した〈クーリッシュ〉

ロッテにとって、爽の成功を1段目のロケットとするならば、2003年に発売した〈クーリッシュ〉は、「飲料からの市場奪回」を狙った2段目のロケットということができる。

クーリッシュも、爽で試みた濃いアイスクリームミックスに微細な氷を混ぜるという方法によってつくられている。しかも、シェーキのような滑らかな食感をさらに追求し、「飲むアイス」というテーマを具現化した。

さらに、容器には持ち運びが便利でキャップ付きのチアパックを採用した。これはアイスクリームとしては初めてのことである。つまり、クーリッシュはペットボトル飲料に奪われた市場の奪還を狙って、ロッテが放った極めて戦略的な商品なのである。

開発の狙いから必然的に導入されたチアパックは、容器の形状の新しさが消費者に支持され、新鮮なイメージが形成されていった。その点について、荒生は次のように説明する。

「日本におけるアイスクリームのフレーバーは現在1万2000種といわれています。すでにサンマやフカヒレ、焼きナスやワサビと水産物や農産物に至るまでアイスクリームにならないものはないというくらい広がっています。そこに新しいフレーバーを出しても、結局1万2000分の1。ところが、アイスクリームをかき氷からプレミアムな乳脂肪のものまで成分規格で細かく分類したとしても、200パターンほどにまとまります。さらに容器を紙やプラスティックといった素材、またその素材をカップ状にするか袋状にするかといった系統で分類すると、20～30パターン程度になります。つまり、消費者に新しさを感じてもらうには、フレーバーよりも容器に注目した方がより効果的ということなのです」

チアパック入りの「飲むアイス」は、20代を中心にした社会人層をターゲットとしてリリースされた。メーンの販路はコンビニエンスストア。2000年代に入ってコンビニエンスストアがアイス販売に注力していたという業界の潮流に乗ったのである。

発売時には、テレビCM放映などと合わせて渋谷をメーンに新宿、原宿など、情報発信力のある街でイベントを行った。たとえば、渋谷では約4万個という大量のサンプリングを行い、その場で消費者に初めてのクーリッシュ体験をしてもらう。その様子や感想を渋谷街頭の9つの大型ビジョンに映し出すというストレートな訴求を試みた。

変化を狙って仕掛けられた商品

「魚釣りにクーリッシュ」という食シーン

クーリッシュは、最初からイノベーションを狙った商品として考えられた。新発売時のパンフレットには、「これがアイスの新スタイル!」「2003年、アイスの常識が変わります。」「マイナス8℃なのに、なめらか。」「チアパックだから、いつでも、どこでもクールブレイク!」と、刺激的なキャッチフレーズが並ぶ。マーケティングの視点から注目すべきは、「飲むアイスって新しいでしょ!」と新規性だけを訴求しているのではないということである。「飲むアイス」×「持ち運べる(携帯性)」によって、消費者がアイスクリームを手にする（食べる）機会やシーン、あるいはライフスタイルにまで変化をもたらそうと仕掛けていったことが重要だといえる。

クーリッシュは、新しいアイスクリームのシーンを創った。従来であればアイスクリームを食べるのが憚られるような仕事やドライブ時のショートブレーク、あるいはパソコンやゲームなどをしながら（手を止めることなく）。その手軽さが消費者の心をつかんで、すぐに市場に浸透していった。携帯性だけでなく、チアパックの密閉性が「手を汚さない」「こぼさない」という利点として評価されたのだ。

興味深い例では、バスルームで入浴しながらアイスクリームを味わうというシーンも生まれた。これは携帯性に加えて、クーリッシュの冷たさが気持ちいいということから生まれた食べ方だろう。

また、「魚釣りにクーリッシュ」というシーンも楽しまれている。炎天下の磯や護岸、船上で涼をとるというわけである。同じ考えで、アウトドアレジャーのシーンにクーリッシュを楽しんでもらうことにも成功している。

追随商品いまだ出てこず

クーリッシュは発売即ヒットの売れ行きを示したが、ロッテはこのイノベーティブな商品が実際にどのように消費者に受け止められているか、もう一歩踏み込んで調べている。

発売後2～3ヶ月時点でブログ調査を行ったのである。2002年に野村総合研究所が開発して導入したテキストマイニング「TRUE TELLER（トゥルーテラー）」を使い、クーリッシュの各商品にレスポンスした〝消費者の声〟を分析したのだ。今日では当たり前になっているが、当時、アイスクリーム業界はもちろん、食品関係全体を含めても先駆的な事例であった。

「発売時の3つのフレーバー（バニラ、カプチーノ、キーライム）について調べました。すると、カプチーノについては、〝ハマる〟という単語が一番多く出てきたのです。〝ハマる〟は飲料、たとえば缶コーヒーといっしょに出てくる言葉でした。我々としては、カプチーノ味がこのように表現されたことで、飲むアイスという新しいカテゴリーが消費者に認められたと確認することができました」と、荒生は説明する。

クーリッシュは、飲料から市場奪回を果たしたというより、アイスクリームの常識を破り、新しい機会とシーンを創出した。つまり、アイスクリームの世界を広げたのである。

さらに、２年に一度開催される世界最大の食品ヒット商品コンクールの２００４年度シアルドールにおいて、乳製品部門でのカテゴリー金賞のほか、全てのカテゴリー金賞の中から１つの商品を選ぶグローバルシアルドールをアジアで初めて受賞。世界有数のヒット商品となった。

受賞から10年。発売当時のインパクトは一般に広く受け入れられているものの、その個性は現在でもアイスクリーム市場において際立っている。日本では珍しいことだが、ヒット商品でありながら追随商品がないのだ。これは中身と容器、さらには製造にかかわる技術の特殊性によると考えられる。

クーリッシュは、イノベーションでつくり出した市場を自らの王国として独占しつつ、ブランド化の道を歩んでいる。その道程は、イノベーティブな商品のライフサイクルを読み取る、格好のサンプルといってもいいだろう。

KEYWORD

いつでもどこでものポジショニング

【ポジショニング】positioning

商品やサービスを消費者のニーズに合わせながら、競合他社との差別化を図り、競争を有利に展開できるように位置付けるための考え方。

かつては、おやつやデザートとしておとなしく座って食べるものだったアイスクリームだが、いまでは、たとえば仕事や勉強、スポーツの合間や、ドライブをしてほっと一息休憩しようとするときなど、さまざまな状況でいろいろな食べられ方をされるようになってきた。そんな消費者の多様なシーンに対応できるようにと誕生したのがロッテアイスの〈クーリッシュ〉である。

食べるのを中断してもまたあとで食べられたり、それまでになかったシーンを創造したりすることでマーケットを生み出した。品質やマーケット、価格によるポジショニングではなく、どのような状況で食べるのかといった使用状況によるポジショニングによって、それまでアイスクリームを食べなかった人たちにも市場を広げることができ、「歩きながら」「スポーツしながら」「ドライブしながら」など、アウトドアで「ながら」のできるアイスクリームの座を獲得したのである。

第2章　日本独特「和風」アイスの確立

井村屋〈あずきバー〉
丸永製菓〈あいすまんじゅう〉

井村屋〈あずきバー〉

カッチカチに固い理由は小豆への「固い」こだわりの表れ

井村屋株式会社（以下井村屋）といえば、肉まん・あんまんが有名だが、夏に限っていえば断然〈あずきバー〉。発売40周年を迎えた2013年には「あずきバー」で商標権を取得。7月1日は日本記念日協会が認定する「井村屋あずきバーの日」でもある。といった具合に、いまや夏の国民食の一つといっていいほど消費者に愛されている商品だ。ところで、このあずきバー。ちょっとカッチカチ過ぎやしないだろうか？　実はこの固さこそ小豆のこだわり、小豆に対するポリシーなのだ。

ブランドとしてのあずきバー

欠品解消で湧き上がってきた新たな戦略

「２００６年に大型の設備投資をして、〈あずきバー〉の製造ラインを増やしました。２０１１年に再び設備投資をして、現在は06年以前の２倍近い生産量です。この設備投資から、あずきバーの歯車がいい方向に回転し始めたといえます」

井村屋株式会社開発部加温冷菓チームの加藤光一は言う。発売から40年を超えるロングセラーだが、06年以前は品薄になる年があった。

「06年以前もずっと右肩上がりの伸長を続けていたのですが、夏場になると十分に商品を供給できない時期もありました。備蓄生産を行うなど、最盛期に向けた準備をしても、天候によっては急に予想を超えた発注があり、備蓄していた在庫を使い果たすともう身動きが取れなくなっていました」

どうにか需要と供給のバランスを取る端緒となった06年の設備投資は、単にあずきバーの生産力増強にとどまらない効果を生んだ。うまく供給できるようになったことで、スタッフの間にあずきバー以外の商品に対しても、販促戦略を立案、実行する上で精神的に余裕が生まれたのである。

他商品の売上アップをけん引する役に

２００６年、井村屋はあずきバー、宇治金時バー、ミルク金時バーのマルチパックを「ＢＯＸあずきバーシリーズ」として発売した。加藤が解説する。

「このシリーズ化は発売20年以上のロングセラーである宇治金時バー、ミルク金時バーを、会社のブランドとして育てていこうというのが狙いです。３商品とも小豆がメーン。小豆を単体で食べられるあずきバーがあれば、ミルクや抹茶との組み合わせで食べられるバーもあるというふうに、バリエーションとしての提案を考えました」

シリーズ化の背景には３つの要因があった。１つが知名度も売上も高いあずきバーに紐付けすることで、ほかの２商品の売上を引っ張り上げようという意図。もう１つが小売店がアイスクリームを年間商材として扱い始めたということ。さらに、既存の商品のブランディングなので、新商品開発に比べてコストも手間も比較的少なくて済むというメリット。加藤が説明する。

「あずきバーはすでに1ブランドとして確立しています。逆にいえば今後、売上がさらに2倍3倍と伸びるとは考えづらい。ならば、ほかの商品のけん引役になってもらおうと考えました。これもやはり、設備投資の効果です。あずきバーの供給が安定してきたことで、それ以外の商品に注力する余力ができました」

2度の設備投資で生産量が2倍近くまで伸びた。

上からあずきバー、宇治金時バー、ミルク金時バー。

シリーズ化により、2013年までの7年間で、宇治金時バーは約8倍、ミルク金時バーは約10倍と、それぞれ大幅に売上を伸ばした。14年秋からはマルチパックだけでなく、2商品のノベルティ（個食タイプ）商品も発売。生産ラインへの設備投資は、欠品問題の解消にとどまらない成果をもたらしたのである。

秋冬を中心に「あずきバープラス」を展開

2012年夏、ラジオ番組とのタイアップ企画が実現。あずきバーの発売40周年となった翌13年8月、ゆずシャーベットとあずきバーを組み合わせたゆずあずきバーが発売され、約600万本を売り上げるヒットとなった。加藤は言う。

「あずきバーは20代、30代のお客様へのアプローチが課題ですので、このコラボレーションはいいタイミングでした。このラジオ番組がなかったら、ゆずとあずきバーの組み合わせは生まれなかったかもしれません」

小豆は味そのものの主張が強すぎないため、ゆずに限らず、ほかの素材と合わせやすいという特長もある。あずきバーに別フレーバーをコーティングして、小豆の新しい価値を生み出す、井村屋ではこういった商品を「あずきバープラス」と名づけ、その開発に取り組んでいる。

「年間を通じて楽しんでいただけるように、特に秋冬にこういった商品を発売していきたいです。ちょっと内情をいえば、秋冬は製造ラインにも少し余裕がありますしね（笑）。バーに限らずほかの形態でもやっていきたいと思います」

BOXあずきバーシリーズ。

小豆と向き合い続けて生まれたハイブリッド商品

「温めたらぜんざいに…」ツイートが呼んだ反響

「固い」。あずきバーのイメージを聞かれて、そう答える人も多いのではないか。確かに、カッチカチ。消費者からも「軟らかくしてほしい」「固いのが特徴なのは分かるが、もう少し何とかならないのか」という声が寄せられることもあるという。しかしこの固さは、あずきバーのアイデンティティでもある。加藤はこれを味わいという側面から説明する。

「カッチカチなのは、口の中で溶けたときの味の広がりにこだわっているからです。軟らかくするとのりっぽくなり、口溶けが悪くなってしまう。固いことがいいと思っているわけではありませんが、カッチカチだからこそあずきバーの味、食感、口溶けが表現できるのです」

ムリに噛み砕こうとすれば歯を痛めてしまう恐れもある一方で、ひとたびかじって口の中に入ると実に脆《もろ》い。ホロホロと溶け、口中いっぱいに小豆の風味が広がる。さらに加藤は成分面からも、あずきバーの固さを説明する。

「固い理由は3つあります。空気の含有量が極めて低いから。乳固形分がまったく入っていないから。それに乳化剤や安定剤といった添加物を使っていないからです。安定剤がないと保型性が出しづらいのですが、代わりになる無添加のものを工夫してつくっています。それで、どうしても固く凍ってしまうんです」

あずきバーは極めて純度が高い小豆あんの塊といえる。「あずきバーを温めたらぜんざいに…」という公式アカウントでのツイートも、大きな反響を生んだ。アイスクリームは通常、一度溶けてしまうと味や食感が大きく劣化してしまうもの。しかし、あずきバーは溶けてもまた冷やし固めれば元の状態に近くなり、再びおいしく食べられるのだ。

小豆の選別と炊き方が小豆あんの生命線

「原材料の小豆は、品種と選別基準にこだわっています」

小豆あんの塊であるあずきバーにとって、小豆の選別と炊き方も大事な生命線の一つ。粒の大きさがまちまちだと、炊いたときムラができてしまう。天候や温度湿度によっても差がつきやすくなるが、品種を限定すれば粒揃いもよくなり、ムラなく炊くことができる。粒を揃えるための選別は厳しく行う。

「1本のあずきバーで約100粒の小豆を使っており、そのうち約50~70粒を粒のまま残しています。このとき粒として残す部分と、つなぎとしてつぶしてしまう部分をいかにバランスよく炊くかが重要です。粒はもちろんですが、つなぎの部分にも小豆の味がしっかり出るように炊く。私はいつも『粒以外のところにも小豆のおいしさがたくさん染み渡っているんですよ』と説明しています（笑）」

粒あんが万遍なく広がっている理由

ふだん、何気なく食べているとついつい見落としがちだがこのあずきバー、小豆の粒がバー全体に万遍《まんべん》なく広がっている。

「どこを食べても粒が均等になっているのも一つの特長です。その仕組みを簡単に言うと、まず仕込みの大きなタンクの状態でなるべく冷やし込んでおき、つなぎの部分に少し粘性をもたせて、粒が沈まないようにしておくのです。そのあと、バーのモールド（型）に入れたとき急速に凍らせることもポイントです」

仕込みのタンクからモールドへの充填と、モールドに入れてからの凍結を瞬間的に行う。この温度管理や配合の妙は、長年の試行錯誤から得た職人的な技術を要する、オートメーションではできないノウハウだ。

井村屋はもともと羊羹製造からはじまった会社。創業は１８９６年、明治時代の半ばに三重県松阪町（現・松阪市）で誕生した菓子屋が原点である。１９６４年に発売された肉まん・あんまんが大ヒット、73年にはあずきバーを発売した。商品の多くが小豆を原料としているように、井村屋の小豆に対する深い理解と愛情ははかり知れない。もはやビジネスパートナーといってもいい食材だ。発売から40年以上の歴史を持つあずきバーは、羊羹づくりで培った小豆に関するノウハウとアイスクリームづくりのノウハウが融合されてできたハイブリッド商品なのである。

小豆という原料が持つ大きな可能性

おいしいのに安全で機能的なヘルシー食材

近年、食品に対する安全・安心が問われている。ヘルシー志向もますます高まり、消費者は「おいしい」以上のものを求めている。その意味では、乳化剤や安定剤といった添加物を一切使用していないことがあずきバーが消費者の支持を受け続ける大きな要因となっている。小豆の健康性、機能性をアピールすることは、あずきバーという商品のアピールに直結する。

「2005年から、全国の幼稚園に対して毎年1万本のサンプリングをしています。お子さんにあずきバーになじんでもらいたいという願いと、親世代に小豆の健康性や機能性を知っていただきたいという思いで、継続しています」

現在、あずきバーのメーン購買層は50代。若い世代の認知度アップが課題だと加藤は言う。小豆は、ポリフェノールや食物繊維などの成分が含まれるヘルシー食材でもある。幼稚園では、ただあずきバーを食べてもらうだけではなく、小豆に含まれている成分の効能などがまとめられた小冊子を同時に配布している。

甘さが邪魔になる時代に甘さがもたらすもの

「甘いものに対する世間一般の基準や価値が変わったことは感じます。かつては『甘さ＝おいしさ』で、甘ければ甘いほどいいという風潮でしたが、経済が成長してモノが飽和状態になるにしたがって、今度は素材感を求めるようになる。すると、甘さが邪魔になってしまうんですよね」

加藤が説明するように、近年はダイエットブームなどヘルシー志向が高まり、スッキリした甘さ、あとを引かない甘さが好まれる傾向にある。甘さがおいしさや商品の価値を決める要素の一つであることは変わらないものの、かつてほど前面には出ず、むしろ「甘い＝太る」と取られることもある。アイスクリームに限らず、食品全体がそういう流れになっている。

アイスクリームは、甘くておいしいものだ。生命を維持するという意味では必要不可欠とはいえないが、楽しさや癒し、リラックスといった、日々の生活に幅や奥行きをもたらす意味では、その甘さとおいしさは欠かせない。井村屋はあずきバーの発売以前から小豆という素材を活かした商品づくりを続けてきた。この方向性がいま、世の中の価値、ニーズとますます合致してきている。

商標登録でお墨付きを得た「あずきバー」

２０１３年、発売40周年キャンペーンは大成功だった。加藤がその要因を説明する。

「２００６年にあずきバーを頂点とした3商品をＢＯＸあずきバーシリーズ

とブランド化して売上増を果たしたように、テレビＣＭ、キャンペーン、イベントに連動性を持たせ、軸を通した販促活動を行ったことが相乗効果につながったのかなと思います」

この年の6月に東京のサンケイビル前で開催した記念イベントでは、あずきバー約3000本を来場者に無料配布。井村屋グループ浅田会長とイメージキャラクターを務める女優の田畑智子とのトークセッションも行われ、会場は大盛況となった。

発売40周年記念イベント。田畑智子と浅田会長のトークセッション。

2014年のパネル広告。

キャンペーンの応募数は50万件近くに上った。当選商品のコースの1つに、20年に一度の式年遷宮を迎えた伊勢神宮参りを組み込んだことも、時宜を得た企画。式年遷宮《しきねんせんぐう》と重なる「時の運」も呼び込んだ形となった。

時の運という意味では、同じく2013年、「あずきバー」の商標権を取得。40周年記念を目指しての申請ではなかったが、いい節目となった。「あずきバー」のような一般名称が商標登録されるのは、珍しい事例である。このニュースは新聞の全国紙でも報道され、知財高裁の判決が出た翌日の1月25日には井村屋の株価が40円上昇するほど、大きなインパクトとなった。何より「井村屋の小豆」が、社会的に広くお墨付きを得たことは、消費者からの強い支持の証であり、ブランドの資産価値の高さを、あらためてアピールした形となった。

KEYWORD

確固たるコアベネフィット

【コアベネフィット】CoreBenefit
ベネフィットとは、顧客が製品やサービスを購買して使用することによって得られる価値、成果、効用などのこと。コアベネフィットは、その最も中心的なもの。

井村屋の〈あずきバー〉は、発売から40年を超えるロングセラー商品である。小豆あんを冷やし固めたシンプルなアイスバーで、パッケージや商品名もどちらかというとストレート。しかし、消費者に与える価値、成果、効用のコアベネフィットとしての「小豆あん」が確固として前面に出ており、かつ、それをつくり出す独自の技術があるからこそ、消費者にこれだけ長い間愛され続けているのである。いまや、アイスクリーム業界には「あずきバー」というカテゴリーが確立しているとさえいえる。

小豆あんに徹底的にこだわり、添加物をできるだけ加えずに冷やし固めるので、〈あずきバー〉はカッチカチだ。実はその固さも、小豆あんの品質にこだわればこそ。〈あずきバー〉は「溶かせばそのままぜんざいになるぐらいピュア」という品質と明確なコアベネフィットが、消費者の味覚にごくストレートに訴えかけることで、ブランドをつくり上げているのである。

丸永製菓〈あいすまんじゅう〉

「和菓子風アイスクリーム」ではなく「冷たい和菓子」をつくる

手に取ったら分かるズシリとした重量感、口に入れたときのクリームの濃厚感と小豆あんの十分な甘み。〈あいすまんじゅう〉は発売から50年以上にわたり、消費者から愛され続けているロングセラーだ。開発時から脈々と受け継がれるポリシー、九州・久留米から全国への販路拡大、消費者へのサプライズを提供しようというPR戦略など、この「冷たい和菓子」には、丸永製菓株式会社（以下、丸永製菓）の熱い思いとノウハウが詰まっている。

久留米から全国に販路が広がった理由

「九州だけでは頭打ちになる」という危機感

ここ50年のアイスクリームのマーケットを振り返ると、１９９４年生産高のピークを迎えた後は10年間にわたって縮小を続け、２００３年を底に再び拡大に転じている。ところが、丸永製菓の〈あいすまんじゅう〉は、マーケットがピークの時期である１９９４年から、順調に売上を伸ばしてきている。

「１９６２年の発売以来、ずっと地元九州で育ててもらってきました。昔ながらの個人商店、駄菓子屋と地場のスーパーマーケットを中心に長く根付いてきた商品です。ただ、このままではいつか頭打ちになるという危機意識がありました」

丸永製菓取締役・マーケティング兼販売促進部長の永渕寛司はそう話す。

１９９４年当時、あいすまんじゅうはすでに発売から30年を超えるロングセラーではあったが、頭打ちになる前に先手を打つ必要があった。九州だけでなく東京・大阪・名古屋といった大都市圏での販路拡大を目指したのも、自

昭和48（1973）年ごろの製造ライン。

昭和30年代（1955～65年）の丸永製菓本社。

然な流れといえよう。

一方で、全国のマーケットに関する情報量の少なさ、さらには情報アンテナの感度の低さも痛感していた。大都市圏への進出を図ったものの、最初は試行錯誤の連続、まさに手探りの毎日だったという。

「当初は久留米から出張ベースでしたので、すでにチケットをとってある帰りの飛行機に間に合うように商談を成立させなければと焦ったこともありました（笑）。サンプルも営業担当者が持ち運ぶには限界があるので、あらかじめ商談先にお送りするなど、ご迷惑をお掛けしながら回っていました」

こうして地道に得意先を増やす中、転機が訪れる。1994年、大手コンビニエンスストアがまず九州限定であいすまんじゅうを販売。高い水準での売れ行きをキープしたことが認められ、関東を含む全国へと販売エリアを拡大することを決めたのだ。これをきっかけに、あいすまんじゅうは一気に日本中に広がっていった。

コンビニでの取り扱いで一躍全国区に

1994年当時、あいすまんじゅうの定価は100円。この価格で乳脂肪分が8・0％以上のアイスクリーム規格を満たす商品を提供しているメーカーは数少なかった。その上、ボリュームがあり、素材も製法もこだわり抜いている。消費者にとってはきわめてお買い得商品といえるだろう。売れる条件はそろっていた。そこに大手コンビニエンスストアでの全国展開が決まったのである。売上が上がるのは自然の成り行きだった。大手コンビニで売られていること自体がお墨付きとなってますます信用を得ることができるようになり、取引先がどんどん増えていった。当然、知名度も一気に全国区となった。

こうなるともはや、出張ベースでは対応しきれない。２００１年の札幌を手始めに、02年に東京、名古屋、04年には大阪、広島、05年には仙台と、日本各地に続々と営業所を開設。全国的な企業としての地歩を固めていった。

製造物流両面で全国展開に追いついた

日本全国への販路拡大により、売上は飛躍的に伸びた。とりわけ東名阪といった大都市圏の市場規模は、九州とは段違いだった。一方、商品の輸送コストは悩みの種だった。販路は拡大したものの工場は久留米の本社１ヶ所のみ。輸送は完全委託だったので、遠隔地に納入すると、輸送コストが利益を圧迫する。売上が上がれば上がるだけ赤字が膨らむという皮肉な事態にもなった。永渕が振り返る。

「かねてから〝本社以外に製造拠点を構えたい〟という夢はありましたが、いよいよ現実として考えなくてはならない段階になりました。いろいろ探したところ、栃木県の那須にいい物件があると。もともとあった工場を改修して使えるということで、費用も抑えられる。２００２年に着工し、翌年から本格稼働しました」

２００３年から関東那須工場が稼働したことにより、名古屋を境として西は久留米の本社工場、東は関東那須工場で商品を製造することになった。製造量の面でも、物流コストの面でも、全国展開に対応したシステムができ上がった。

「冷たい和菓子」をつくるという気概

異色!?　50年前から大人をターゲティング

1933年の創業以来、主に羊羹などの菓子をつくってきた丸永製菓が、アイスクリーム事業に進出したのは1960年。ちょうど冷蔵庫が各家庭に爆発的に普及した時期である。その2年後に「あいすまんじゅう」が発売となった。このころの九州は福岡を本拠地とするプロ野球球団・西鉄ライオンズの活躍に沸いていた。日本全国が「野武士軍団」の活躍に熱狂し、62年には、鉄腕と称されたエースの稲尾和久投手が当時史上最速で200勝を達成している。元気な風が九州に吹いていた時代だ。永渕寛司が語る。

「当時、主流だったのはいわゆるふつうのアイスキャンディー。でも、当社が他社と同じようなアイスキャンディーをつくっても、お客様にとって何の新鮮味もありません。当社の強みを活かした商品づくりは何かと考えたとき、やはり長年のお菓子づくりで培ったノウハウをベースにしようということになりました」

当初のターゲットに据えたのは、和菓子を好む成人男女。子どもを主要ターゲットとしていた当時のアイスクリーム業界において、大人を目指した商品づくりをするのはやや異色であったといえる。

「ただ〝和菓子風アイスをつくってみました〟では、奇をてらったことにしかなりません。現在でも、あいすまんじゅうは〝冷たい和菓子〟という言い方をしていますが、アイスというよりまさに冷たい和菓子をつくる気概で臨みました」

まんじゅうといえば、とろっとした小豆あんが欠かせない。ところがアイスクリームとしてふつうに冷やし固めると、小豆あんもカチカチに固まってしまう。当時、あいすまんじゅうの開発に携わった現代表取締役専務の永渕信孝は、日夜工場にこもって小豆と向き合い続けた。あいすまんじゅうの小豆あんがとろっとしている理由には、技術や配合などさまざまな要素があり企業秘密。ただ、そのうちの一つだけ明かしてもらった。糖度を高めることによって融点が下がり、冷凍庫から取り出してすぐに食べてもまんじゅうの小豆あんのような食感が味わえるということだ。糖度の高さは、味わいの面で商品の十分な満足感を提供することにもつながった。

ガッツリ！　ずんぐりした形のインパクト

再び、永渕寛司が続ける。

「あいすまんじゅうのキーワードは『満足感』『やわらかい和菓子感』『斬新感』の3つです。食べたときにボリューム、甘みなどいろいろな満足を味わっていただきたいので、濃厚なバニラアイスと北海道産の小豆あんで十分な甘みを出しました。もし薄味だったら、あいすまんじゅうを食べたという満足感は得られないでしょう」

あいすまんじゅうを手に取ると、バーアイスとしてはずしりと重く、100㎖という表示以上のボリュームを感じる。パッケージを開封し、口にすると、アイスクリームと小豆あんが適度なやわらかさで口の中に広がる。濃厚で、甘い。まさにガッツリという言葉が当てはまる大きさと甘さ。1つ食べただけで十分に満足できる。

「あと斬新感です。一口目のインパクトを最大にするには、薄型や角型ではなく、このようにずんぐりとしていることも大切な要素となります。あいすまんじゅうの断面は、福岡県花である梅の花びらをかたどったもの。当社では梅鉢型と呼んでいるのですが、ずんぐりしているからこそ『あんこがいっぱい入ってるぞ！』というインパクトを与えられると考えています」

何年か前にはこんなオファーがあった。映画会社のスタッフから丸永製菓に一本の電話。「30年前のシーンで少女に当時と同じアイスを食べさせたい」と。担当者は電話口で即答した。「味も、不格好な形も、ずっと同じなのはあいすまんじゅうだけです！」

「売れる」からこそ「いいものをつくる」ことができる

大きさ、形、北海道産の小豆、アイスクリーム規格を満たす8％以上の乳脂肪分、十分な甘み。このクオリティーを定価120円（税抜き）で食べられれば、確かに消費者は満足感を得られるだろう。しかし正直なところ、コストは相当かかっているはずだ。永渕寛司が説明する。

「原材料のコストは決して安くはありません。ただ、多くの方に食べていただいていることで、規模の経済が働いているといえます」

「売れること」と「いいものをつくること」がクルマの両輪のように、バランスよく回転している状態。売れなければこの価格と品質を保つのは難しい。定価を見直さなければならないかもしれない。だが、売れているからこそ、この品質のままつくり続けられる。この品質を維持しているからこそ、売れ続ける。

「仮にコスト削減を考えて、原材料の価格を抑えたとして『味が薄くなった』と思われたら消費者は離れてしまうでしょう。いったん離れたら品質を再び元に戻しても、手遅れです。ですからこの両輪のバランスを崩さないよう、定期的に原材料や配合の見直しを続けてきました。そのくり返しがいまにつながっているということです」

ロングセラーであり続けるための戦略

ちょっとした違和感が改良の最適なタイミング

現在のあいすまんじゅうの購買を支えているのは、昔から食べ続けているシニア層の固定ファン。彼らが子や孫に買ってあげて、何世代にもわたって「あいすまんじゅうは、おいしいね」を共有することで、世代の継承ができている。では商品は50年前とまったく同じかというと、そうではない。パッケージも味もマイナーチェンジを続けてきている。

「50年前からずっと同じレシピでつくっていたら、おそらく『昔のほうがおいしかった』と言われてしまいます。少しずつ改良を重ねているからこそ、『昔と変わらずおいしい』と言っていただけると思います」

昔のおいしかったという記憶は、往々にして美化されるもの。その人の中でいまもおいしくあり続けるには、記憶や思い出といった見えない敵を相手に、誠実に改良を加えることが欠かせない。

「小豆あんの十分な甘み、クリームの濃厚さはあいすまんじゅうの特徴ですが、場合によっては甘みや乳脂肪分を少し下げることもあります」

改良のさじ加減は、長年の経験から得たちょっとした違和感がきっかけとなる。定期的に改良を行うわけでも、改良を開発の部署だけが担当するわけでもない。社内で誰かが違和感を覚えたら、それが改良のタイミング。こうして時宜にかなった改良を重ねることで、消費者のニーズに応え続けている。

チョコレートの国で小豆あんが評価される痛快さ

丸永製菓のPR戦術は常にサプライズに満ちている。それはアイスキャンディーが主流だった時代に、小豆あん入りのアイスクリームをつくったころから何も変わらない。永渕は「たとえば、ウチが点数シールを集めて白い皿のプレゼントを企画しても、サプライズにはならないでしょう」と言う。

2011年の春には、当時のベストセラー『もし高校野球の女子マネージャーがドラッカーの「マネジメント」を読んだら』(もしドラ)とのコラボレーションを立案。パッケージに「もしドラ」のイラストを使うなど、社内でも企画に対する期待感があふれていた。しかしテレビCMはお蔵入り。キ

2014年のポスター。ユーモアが計算され尽くしている。

ャンペーンを実施できないエリアも出た。

なぜなら東日本大震災が起きたからである。小売店での生活物資や食糧品の買い占めがニュースで取り上げられ問題となった。キャンペーンは4月から、テレビCMは震災の3日後から放映する予定だった。そのテレビCMは、OLがカゴいっぱいのあいすまんじゅうを買い込み、自宅でおいしそうに食べているというもの。放映できるわけがなかった。

いまや国内で有名になったが、モンドセレクションというベルギーの民間団体が行う製品の技術認証がある。あいすまんじゅうは1996年からモンドセレクションに出品、2014年まで12回連続を含む18回の金賞を受賞している。

「きっかけは、九州の一地方都市で生まれたあいすまんじゅうが海外で評価されたら面白いだろうなあと考えたからです。小豆あんを使った日本の商品がチョコレートの国・ベルギーで評価されるというギャップも何だか痛快ですよね」

ロングセラーがロングセラーであり続けるために。丸永製菓はいま、既にボリュームゾーンとなっているシニア層はもちろん、年齢的には若くても上質で〝大人〟なモノを好む層へのＰＲに重きを置こうと戦略を練っている。

「具体的な内容は発表してのお楽しみということにしてください。みなさんをあっと驚かせたいので」

永渕寛司はそう話す。商品づくりは長年の経験を活かして、ＰＲは知識や経験にとらわれずに。今後も驚きの手法でますます「冷たい和菓子」の輪を広げていくことだろう。

KEYWORD

和菓子へのコンセプト変換

【コンセプト変換】

商品やサービスの概要やユーザー層、メリットなどについての根幹となる考え方を、時代や環境の変化に応じて別のものに変えて、新たな価値を創造していこうとすること。

丸永製菓の〈あいすまんじゅう〉は、アイスクリームではなく「冷たい和菓子」として誕生した。和菓子の老舗メーカーが「和菓子を冷たくしてみよう」と、それまでの常識を覆すようなコンセプト変換をすることで生まれたのである。「和風のアイスクリーム」ということではなく、あくまで「冷たい和菓子」を実現するために、和菓子そのものの特徴である「あんこが柔らかい」状態を保つという技術的努力を重ねた結果、「冷たいのに、あんこが柔らかい」という新たな味覚を世に出すことに成功したのである。

その結果、それまでなかなかアイスクリームを食べなかった大人、とくに年配者の層にもアプローチすることができた。一方で「和菓子である」というコンセプトや味を、発売当初のものから守り続けることによって、〈あいすまんじゅう〉はいつも変わらない思い出の味となって確実にファン層を形成している。

第3章 成熟市場で「贅沢さ」を追求

ハーゲンダッツ ジャパン〈ハーゲンダッツ ミニカップバニラ〉
オハヨー乳業〈ジャージー牛乳バー〉
クラシエフーズ〈ヨーロピアンシュガーコーン〉

ハーゲンダッツ ジャパン〈ハーゲンダッツ ミニカップバニラ〉

ただ1つのブランドでプレミアム感を徹底的に追求

いまや、プレミアムアイスクリームの代名詞ともいうべき〈ハーゲンダッツ〉。国内で販売をはじめてから30年あまり、そのブランドイメージは日本人にすっかり浸透している。本書に登場する13社のうち、外国発祥の企業は、ハーゲンダッツだけ。単一のブランドで展開しているのも、ハーゲンダッツだけ。さまざまなブランディング戦略は「厳選された素材を使い、最高の商品を提供する」という創業者の基本姿勢から一歩も外れることなく、一貫している。

米国企業の日本進出と日本法人の立ち上げ

半世紀前のレシピを守る

ハーゲンダッツのアイスクリームは現在、世界50以上の国と地域で販売されている。いま、あなたがハーゲンダッツの〈ミニカップバニラ〉を食べているとしたら、実はそれは、アメリカでもヨーロッパでもアジアでも、同じレシピでつくられたバニラなのだ。

「食文化」という言葉がある。中国発祥のラーメンが日本の風土に合わせて進化した結果、「ニッポンのラーメン」として海外にも広く知られるようになったように、食べものの嗜好には地域による違いが生じる。その点、ハーゲンダッツは世界中どこで食べても同じ味であり、それが長年にわたって消費者に愛され続けているのは、驚くべきことである。これには、創業者ルーベン・マタスのモットー「Dedicated to Perfection（完璧を目指す）」が受け継がれている。

１９６１年、アメリカの大都市ニューヨークで誕生したハーゲンダッツ。

「誰もがおいしいと感じるアイスクリームは、シンプルな素材からしか生まれない」と考えたマタスは、主原料のミルク、砂糖、卵黄といった主原料だけでなく副原料も厳選し、品質に徹底的にこだわって究極のアイスクリームをつくり上げた。たとえば、主要フレーバーのストロベリーに使うイチゴは、アメリカ全土を歩きまわり、3年もの歳月をかけてハーゲンダッツのアイスクリームに合うものを探し出したという。

こうしてつくられたハーゲンダッツアイスクリームの完成度の高さと普遍性。それを何よりも雄弁に物語るのは、五十余年前にマタスがつくったレシピが、現在も守り続けられているということである。

「ハーゲンダッツブランドに足る商品を生産する」

日本法人のハーゲンダッツ ジャパン株式会社（以下、日本法人、あるいはハーゲンダッツ ジャパン）は、1984年の設立。米国ハーゲンダッツ社のほか、現在のサントリーホールディングスとタカナシ乳業の出資で誕生した。きっかけは、サントリーの関係者がアメリカでハーゲンダッツのアイスクリームを食べて、そのおいしさに驚き、日本で発売したいと申し出たことだった。

サントリーのこの申し出は、１９８０年代に入って、世界展開を始めていた米国ハーゲンダッツ社の思惑と一致。こうして日本は、カナダ、シンガポール、香港に続く4番目のハーゲンダッツ上陸国となった。ハーゲンダッツジャパン広報部エグゼクティブマネージャーの宗前正博が説明する。

「当時、工場はアメリカにしかありませんでしたが、日本ではアイスクリームの輸入が自由化されていなかったので、国内工場の設置がどうしても必要でした。日本法人の使命は、厳選された材料で最高品質のハーゲンダッツのブランドを冠するに足る商品をつくること。当時のスタッフは原材料選びに相当な苦労を重ねたと聞いています。たとえば、主原料の乳は、選びに選び抜いた結果、ようやく根室・釧路エリアのものにたどりつきました」

日本の工場は株主の1社、タカナシ乳業群馬工場の敷地内に設置された。アメリカから製造技術者や品質管理の専門家が訪れ、一切の妥協を排して、マタスがつくり上げたのと同じアイスクリームを追求した。

ようやく国内で誕生したハーゲンダッツアイスクリーム。その圧倒的に濃厚でなめらかな味は大きな話題となり、ハーゲンダッツの青山1号店には長蛇の列ができた。こうして、ハーゲンダッツはプレミアムアイスクリームとして、日本人の間で着実に認知されていった。

10年後、独自の「抹茶フレーバー」を開発

設立から10年が経つころ、ハーゲンダッツ ジャパンではある気運が高まっていた。「日本独自の商品やフレーバーを開発したい！」

それまではアメリカで開発されたバニラ、チョコレート、ストロベリーといったアイスクリームのベーシックなフレーバーを、レシピに忠実に製造・販売してきた。そこで培ったノウハウで、日本の消費者に向けた新商品の開発に乗り出したのである。１９９５年には、神奈川県横浜市に商品開発施設であるR＆Dセンターを開設した。

ミニカップ バニラに象徴されるハーゲンダッツのアイスクリームの風味を一言で表すと「リッチでクリーミー」。その大前提を外れることなく、厳

選された原材料を用いて日本独自のフレーバーの開発を進めた。

１９９６年、米国本社との共同開発で初の日本オリジナルフレーバー〈グリーンティー〉が発売された。もちろん原材料の抹茶にはハーゲンダッツアイスクリームに最も合うものを厳選した。採用された茶は「てん茶」。一般的な茶と違って、茶葉をもまずに乾燥させたもので、石臼で挽いて抹茶の原料となる。茶の木に覆いをかけて育てられたため、やわらかく、苦みは控えめで旨みが大きいのが特徴だ。その「てん茶」を、石臼で丁寧に挽いてつくった抹茶を使用したのである。発売後、グリーンティーは消費者に支持され、現在ではすっかり定番フレーバーとなっている。

また、現在ではすっかり定番となっているクリスピーサンド。アイスクリームをウエハースで挟んだこの商品も、実は日本法人の開発によるもの。現在、国内で販売されているハーゲンダッツのフレーバーは、季節限定商品なども含めて、年間30種ほど。そのうちのほとんどが日本法人の開発によるものである。

ブランドはハーゲンダッツただ1つ

パッケージの統一感が与える商品イメージ

日本での発売から30年。よくよく思い返すと、ハーゲンダッツ特有の不思議な光景がある。スーパーマーケットやコンビニエンスストアなどの小売店でミニカップを買おうとすると、フレーバーにかかわらずパッケージが同じように見えるということだ。

ミニカップは、側面とフタの上部にはハーゲンダッツのロゴが配され、ロゴ周辺とリッド（フタ）のへりはコーポレートカラーであるバーガンディーレッドで統一されている。473㎖のパイントも、クリスピーサンドやマルチパック、クランチークランチといった別形態のパッケージにも、このプレミアム感あふれる基本デザインが踏襲されている。

「ハーゲンダッツはプレミアムアイスクリーム専業、商品はプレミアムアイスクリームただ1つ。ブランドもハーゲンダッツただ1つですから、フレーバーや形態が異なっても、パッケージの基本デザインは1つなのです」

ハーゲンダッツの商品は、リッチでクリーミーな「ハーゲンダッツ」を冠するに足るアイスクリームだけ。そう考えると、ブランドはただ1つという宗前の説明は明確であり明快だ。この考え方は、ただの社内的な商品哲学ではない。消費者に対して、商品イメージを印象づけるための戦略に通じている。

「小売店様では、商品をある程度まとめて陳列していただくようにしています。それによって商品群自体を目立たせることができますし、その場を『ハーゲンダッツらしい』雰囲気にすることもできます。これはお客様に『あそこはハーゲンダッツの売場なんだ』と認識していただくためでもあります」

低オーバーランでリッチ&クリーミーに

冷凍庫から取り出したばかりのミニカップバニラは、カチンカチンに固い。これこそが、ハーゲンダッツアイスクリームが「リッチでクリーミーな味わい」であることの証だ。その理由はオーバーラン(空気の混合割合)の低さにもある。

アイスクリームは、アイスクリームミックスと空気を混ぜることで、冷たく凍っているのにソフトでなめらかな口あたりが生まれる。アイスクリームミックスに同体積の空気を1対1の割合で混ぜ合わせた場合のオーバーランは100%となる。アイスクリームの一般的なオーバーランが60~100%なのに対して、ハーゲンダッツは20~30%。一般に低いとされているものより、さらに低い。それだけ濃厚な、重みのある味となる。

「夏には季節に合わせて、若干後味がさっぱりしているフレーバーを発売することはあります。たとえばアイスクリームとソルベを組み合わせたような商品です。ただ、さっぱりしていると言ってもあくまでも『ハーゲンダッツにしてはさっぱりしている』商品ということになります」

宗前の説明する「ハーゲンダッツにしては」というのは、明確な線引きがあるわけではなく、「リッチでクリーミー」というハーゲンダッツの大前提から生まれた経験知のようなものだ。

「らしさ」はプレミアム感にこそある

メーンターゲットを20代後半から30代前半の女性に据えているハーゲンダッツ。実際には、男女年齢問わず幅広く愛されている。男性にも売れているのは、コンビニエンスストアの普及が大きく寄与している。それによって、もともとのアイスクリーム購買層である女性はもちろん、男性も商品に気軽に手を伸ばせるようになった。

コンビニという販売チャネルの変化はアイスクリーム業界全体に共通する出来事ではあったが、特にハーゲンダッツにとっては、個食化が進むことで、ミニカップが消費者からさらなる支持を受けるという追い風にもなったのである。

食シーンについては、メーカーとしては、特に想定していないという。

「お客様からは、たとえば頑張ったときなど、自分へのご褒美として特別なときにお召し上がりになるという声を比較的多くいただいておりますが、あくまでも結果としてそうなっているということです」

むしろ、販売促進において重視しているのは、ハーゲンダッツらしさの伝達。ハーゲンダッツらしさとは、プレミアム感にほかならない。パッケージデザインはもちろん、テレビCM、webサイト、SNSでもプレミアム感のあるイメージで一貫性を持たせることに気を配っている。

「おいしい」という実利を伴ってこそのブランド

「最もおいしい状態で食べてもらう」のも品質管理

女優の柴咲コウが冷凍庫からハーゲンダッツのミニカップを取り出し、少し待ってからカップを指で押す。アイスクリームが少し盛り上がったら、食べごろサイン。テレビＣＭの印象的な一コマである。実はこのシーン、おいしい食べ方の提案にとどまらない、ハーゲンダッツ ジャパンの徹底した品質管理の表れなのだ。

「ブランド＝品質というのが、私どもの考えです。商品を設計する段階からお客様が召し上がるそのときまでの品質管理を徹底していきたいと思っておりますので、最もおいしい状態で召し上がっていただくのも、品質管理の非常に重要なポイントと捉えています。ハーゲンダッツというブランドは何かを突き詰めると、単にイメージだけでなく、実際にいい品質で食べたらおいしい。そういう価値を伴ったものであるべきだと考えています」

価値を伴ったブランド。宗前が説明するこの骨太さも、ハーゲンダッツが長年にわたって広く愛され続けている理由である。

アイスクリームにはまだまだ可能性がある

「当社がアイスクリーム専業メーカーだからというわけではないのですが……」

宗前は、そう前置きしたうえで、今後の展開について話す。

「アイスクリームというものには、まだまだ多くの可能性があると思っています。フレーバーについても、形態についても、ほかの食材との組み合わせについても、販売促進についても、アイスクリームの新たな魅力を引き出せる余地がありますし、お客様にそのおいしさや楽しさを提供していけると思っています。具体的には今後のお楽しみですが、お客様に感動と喜びをお届けするため、これからも一つひとつのことを徹底的に追求していきたいと考えています」

アイスクリームの可能性。強力なブランドイメージを持っている専業メーカーだからこそ、さらなる可能性を追い求める。

KEYWORD

ハーゲンダッツというブランド体験

【ブランド体験】
消費者に実際にそのブランドを体験してもらうことによって、ブランドとしての価値を知ってもらい、ブランドへの思いを強く抱いてもらうこと。

ハーゲンダッツのテレビCMに、スプーンを温めて溶けるまでの時間をも楽しもう、と提案をしているものがある。ハーゲンダッツのアイスクリームは濃厚なので、ほどよく溶けるまで待つことによって、最もおいしい状態で食べられるという、消費者に食べるタイミングや食べ方までも提案する品質への自負である。その「品質管理」については、持ち帰るときの保冷剤まで指定されているほどである。

ここには、消費者にベストタイミングで食べてもらうことで、ハーゲンダッツというブランド体験をより豊かなものにしてもらおうという狙いがある。さらに、食べるまでに手間をかけることによる消費者の期待感を裏切らない体験を、基本的な品質や、カップの上品なデザインなどで実現させているのである。こういったブランド体験によってハーゲンダッツ・ブランドのイメージは形成され、プレミアムで楽しく特別な時間のアイスクリームとしてのハーゲンダッツの観念的な価値が定着するのである。

オハヨー乳業〈ジャージー牛乳バー〉

ジャージー乳の認知度アップがロングセラー商品をつくり上げる

濃厚な味わいと、さっぱりした後味。一見矛盾しているこの2つの味わいを両立しているのが、オハヨー乳業株式会社（以下、オハヨー乳業）の〈ジャージー牛乳バー〉。１９９３年の発売から20年を超えるロングセラー商品となったいまでこそ、そのおいしさは広く知られるようになったが、発売当初、世間の反応は「ジャージー乳って何？」といったもの。しばらくの間はジャージー牛の品種自体の周知に力を注いだという。

ブランド化への道のり

希少で高品質なジャージー乳の価値を訴求

〈ジャージー牛乳バー〉は、乳の濃厚な味わいを楽しめながら、後味がさっぱりしている。アイスクリームに限らず、味の濃いものを食べると喉が渇いて水を飲んでしまうものである。ところが、ジャージー牛乳バーを食べた後は、水を飲んでいないことに気づく人が多いはずだ。ではまず、ジャージー牛がどういうものか、オハヨー乳業がどういった姿勢で商品づくりに取り組んでいるかを整理しておきたい。

「ジャージー」とはフランスとイギリスの間にある海峡に浮かぶ島の名前。ここを原産とする牛は乳質が濃厚なため、乳牛として飼育される。明治になって日本に輸入されるようになったが、頭数はほとんど増えなかった。1950年代に再び輸入されたものの、ホルスタインに比べ乳量が少ないことから、飼養頭数はそれほど増えなかったという歴史がある。

オハヨー乳業の本社がある岡山県は、ジャージー牛の飼養頭数が北海道に次いで全国第2位、国内の20％を占める。特に県内の蒜山《ひるぜん》高原は、国内最大のジャージー牛飼養地域である。

1993年、オハヨー乳業では地の利を生かしてジャージー乳を使った商品開発に乗り出した。商品づくりの基本は「原料へのこだわり」である。

ジャージー乳は、国内で供給される牛乳の0・7％という希少種。残りの99％以上はホルスタイン乳である。広報室の吉田学史が解説する。

「1頭当たりの年間搾乳量は、ホルスタイン乳の9414kgに対して、ジャージー乳は6308kgと3分の2程度です。これが国内の飼養頭数におけるホルスタイン牛の増加、ジャージー牛の減少の最大の理由と考えられています。また、ジャージー乳は乳脂肪分が平均4・9％と、ホルスタイン乳の3・9％よりおよそ1％も高いのです。そのためジャージー乳は、ホルスタイン乳に比べると原価が高いのです」

希少かつ良質ということは、開発次第で強い商品になる可能性が大きい。オハヨー乳業の商品づくりは、ここからスタートしている。実は同社はジャージー牛乳バーを発売する1993年10月からさかのぼること4ヶ月、アイスクリームの前にジャージー乳を使用したヨーグルトを発売していた。

「会社としては『ジャージー乳を利用してどんな商品を開発するか』という考えでした。アイスクリームはあくまでその一つという位置付けです」

以後、途中で発売を中止したり、再開したりした商品もある中で、アイスクリームは消費者に支持を受け続けるロングセラーとなっている。

特徴をしっかり伝達する長めのキャッチコピー

オハヨー乳業が１９９３年にジャージー乳を使用した商品を発売してからしばらくの間、ジャージー乳自体の知名度はまだまだ高いとはいえなかった。つまり、同社のジャージー牛乳製品の販促の歴史は、ジャージー乳の認知度アップに努めてきた歴史といえる。

消費者の認知度を上げるため、パッケージには、マルチパックの半分を占める大きな文字で「自然でコクのあるジャージー牛乳バーです。」と謳《うた》った。このころ、ポッカ（現・ポッカサッポロフード&ビバレッジ）の「じっくりコトコト煮込んだスープ」に代表されるように、商品名やキャッチコピーをやや説明的に長めにするというトレンドがあったが、この流れは、パッケージデザインをリニューアルした後の2010年ごろまで続いた。

「ボードを用意して、小売店の売場でジャージー乳の特徴を説明しました。たとえばホルスタイン種とジャージー種の写真を並べ、大きさ、乳脂肪分や頭数などを比較したり、乳脂肪分の違いでどうおいしさが変わってくるかといった説明も重ねたりしました」

地道な説明が徐々に実を結び、消費者の間でジャージー乳の認知度も高まっていった。

パッケージの変遷

1993年の発売当時。

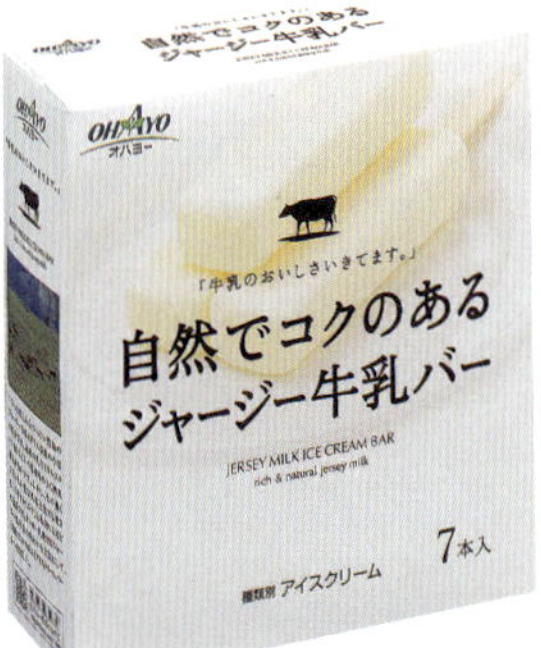

2007年、さらにプレミアム感を意識したデザインに。

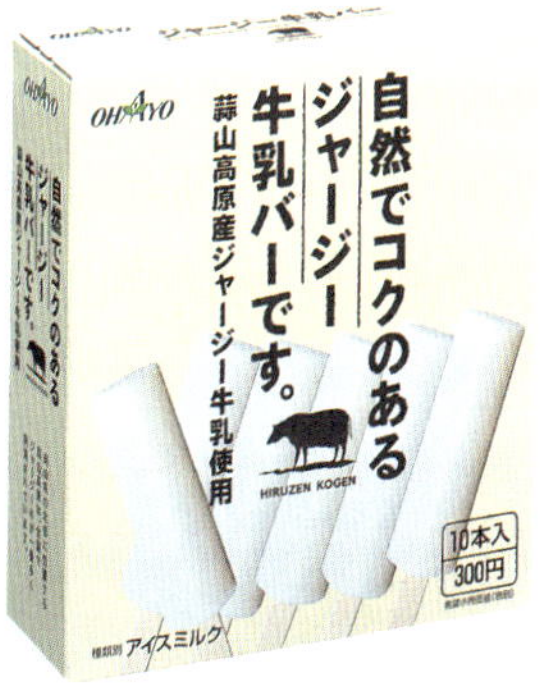

1997年、キャッチフレーズを
さらに目立たせる。

2002年。以後、1箱7本入りに。

2009年、左下に
「濃厚ミルク仕立て」のアイコンを配置。

2011年。以後、「自然でコクのある」などの
キャッチフレーズはやや小さめに。

OHAYO
ジャージー牛乳は
ほかの牛乳と
ここがちがうモ〜。
英国王室にも愛される
ジャージー牛乳。
「ロイヤルミルク」とも
呼ばれるぜいたくな
ミルクだモ〜。
日本で暮らす
ジャージー牛は約1万頭。
国内にいる全部の乳牛のうち
0.6%でしかない
貴重な牛だモ〜。
この濃厚なコクは
くせになるモ〜。
ジャージー牛乳だけの
上質なおいしさだモ〜。
ジャージー牛の原産地は
イギリスだモ〜。
つぶらな瞳が
チャームポイントだモ〜。
OHAYO ROYAL JERSEY
YOGURT PUDDING ICE CREAM
オハヨー乳業のロイヤルジャージー
http://www.ohayo-milk.co.jp オハヨー乳業株式会社

2007年の雑誌広告。

「ロイヤルジャージー」で確固たるブランドに

２００４年、オハヨー乳業では「ロイヤルジャージー」ブランドを立ち上げた。吉田はこう説明する。

「狙いはジャージー乳のさらなるＰＲです。アイス、ヨーグルト、プリンなど、売場が離れていてもブランドで括《くく》れば『ジャージー乳を使った商品だ』ということを知っていただけるだろうと考えたのです」

ロゴはジャージー牛のシルエットをあしらい、黒地に金色のデザインで一段上の高級感を表現。ジャージー牛乳バーのマルチパックには、前面だけでなく、上面、側面、背面とロゴを配してアピールした。

「ＰＲを続けた甲斐あって、ジャージー乳の知名度は高まりました。でも皮肉なことに『オハヨーの乳製品は全てジャージー乳を使用している』と勘違いなさるお客様もいるようです（笑）。それだけジャージー＝オハヨーと認識していただけるようになったと、効果を実感しています」

素材を最大限に活かす製法にこだわる

既存の設備を使って先行投資をカット

もともとジャージー乳ありきで商品を開発していったオハヨー乳業。ではどうしてアイスクリームに展開したか。吉田は告白する。

「それ以前もバータイプのアイスクリームはつくっていたので、製造に必要なタンクも氷管も工場に揃っていました。新商品をつくる際にかかる設備面の先行投資をする必要がなかったからです」

アイスバーの工程は、タンクで素材を仕込み、氷管という型に素材を充填してバーを挿して冷やし、氷管から抜き取って箱詰めして完成となる。

発売をマルチパックにしたのは、形が同じなので生産効率がいいというメリットがあったため。主要ターゲットである30～50代の主婦層をはじめ、その家族に手軽に食べてもらいたいという思いもあった。

濃厚なのに後味さっぱりの秘密

さて、冒頭でくり返した「濃厚なのに後味がさっぱりしている」というジャージー牛乳バーの風味。この秘密を製造工程の側面から見ていこう。

オハヨー乳業では商品づくりの姿勢として「原料へのこだわり」を根本に据え、その上で「製法へのこだわり」を打ち出している。製法へのこだわりとは、原料の特性を最大限に引き出すことへのこだわりである。ジャージー牛乳バーの原料であるジャージー乳には高脂肪で濃厚というはっきりした特徴があり、同社の姿勢を打ち出しやすい商品だといえる。味わいという面については、吉田は2点を挙げて説明する。

「まず、ピュアな配合が可能だということです。ジャージー乳はもともと乳脂肪分が高くて濃厚なので、あまり余分なものを加えないで済みます。そのあたりの配合は試行錯誤で生み出したわけですが、ピュアな配合がすっきりした後味につながっていると言えましょう」

もう1点は、オーバーラン。アイスクリームにどれだけ空気を混ぜるかということだが、極端に言えばオーバーランが少なければ濃厚だがもっさりした後味に、多ければ後味はあっさりするがぱさぱさした口当たりになる。

「オーバーランのセッティングは企業秘密ですが、バー・モナカやコーンアイスなど、それぞれの形態でオーバーランを調整することで、ジャージー乳の濃厚さを損なわない範囲であっさりした後味をつくることを目指していました」

ジャージー乳の濃厚さを生かす脂肪分の配合と、後味をすっきりさせる空気の配合。ジャージー牛乳バーをはじめとするジャージー牛乳アイスのこの一見矛盾するおいしさは、製法段階での2つの配合の妙で成り立っている。

形態は変わってもぶれない商品のポリシー

オハヨー乳業では、マルチパックのアイスバー以外にも徐々にジャージー牛乳を使ったアイスクリームのバリエーションを増やしていった。1995年にはモナカ、続いて99年にコーンアイス、2001年にカップアイス、06年にノベルティ（個食タイプ）のアイスバー、11年には一口サイズのマルチパックを発売している。これらは単なる形態のバリエーションにとどまらない、まったくの別商品。それぞれ異なるアプローチを必要とする。

「モナカの場合、モナカとアイスをどの程度の固さにするか、モナカの山をいくつにするかといった選択肢も出てきます。モナカの山を多くすると表面積が大きくなり、手で割りやすくはなりますが口の中でネチャネチャしてしまう。そういった問題点を商品ごとにクリアしていった覚えがあります」

吉田はこう振り返る。同様にコーンアイスならば、アイス部分の見た目も重要だ。渦巻きをソフトクリーム店で出てくるようなビジュアルで表現するのにも苦心したという。このように、バリエーションを増やしても商品のポリシーは「ジャージー乳の特徴をどう生かすか」で一貫している。

「フレーバーに関しても考えは同じで、あまり突飛なことは考えません。〝混ぜもの〟でジャージー乳のイメージが崩れたら、本末転倒ですから」

印象的なのは、吉田はほかのフレーバーを付け加えることを「混ぜもの」「イロモノ」と表現していたこと。これは、ジャージー乳のよさを引き出すことを最優先に考える、オハヨー乳業の姿勢そのものであろう。

企業規模と立地条件を活かす

大企業にはできない商品をつくる

オハヨー乳業の前身、大日本乳業は1953年設立。もともと「カバヤキャラメル」「ジューC」で知られる菓子メーカー、カバヤ食品向けに加糖練乳、バターなどの製造を行っていた会社である。

この年、東京・青山にセルフサービスによる国内初の食品スーパーマーケット「紀ノ国屋」がオープンした。戦後と翌年から始まる高度経済成長の兆しが混在する時代だった。1957年、オハヨー乳業に社名変更。63年にアイスクリームの製造を開始、70年代には全国的な営業展開を始めた。2014年3月期の売上高は530億円に上る。

「私が入社した80年代中盤の売上高は約180億円。年によって多少の波がありましたが、概ね右肩上がりで成長してきました」

吉田が振り返るように、アイスクリーム業界のみならず、乳業メーカーの中でも堅実な実績を積み重ねてきた優良企業である。それでも全国規模から見れば、中堅どころの企業という認識が社内では強いようだ。

「ジャージー乳の商品に関しては、当社のこの企業規模だから展開できているとも言えます。搾乳量が少ないので大手乳業メーカーが手がけても、生産規模からすぐに原乳が不足してしまうでしょう」

岡山県にあるオハヨー乳業本社工場。

国内最大級の飼養地が同じ県内にあるという地の利とともに、原乳の需要と供給のバランスがうまくとれていることも、ジャージー牛乳バーがロングセラーであり続ける大きな要因となっている。

アイスクリームだからこそ全国展開ができる

近年、日本国内の酪農家の数は減少傾向にある。搾乳量が年々減るとともに、原乳の価格は上昇が続いている。先行きは必ずしも明るいことばかりとは言えない業界にあって、今後もジャージー乳のよさをＰＲしていくつもりだと、吉田は話す。

「牛乳は賞味期限が短いので、全国展開しにくい商品です。ただ、アイスクリームは計画生産ができますし、加工品なので全国流通もできます。これからもジャージー乳のおいしさ、すばらしさをもっともっと多くの方々に知っていただきたいと思っています。せっかくホルスタイン乳より高い原価のものを使っているのですから、その分しっかりアピールしたいですしね（笑）」

ジャージー乳にかける企業の想いが、吉田の言葉に表れている。

KEYWORD

成分ブランディングを核としたブランド展開

【成分ブランディング】
製品を支える技術や原材料、成分、部品などのブランド名を利用してブランディングしていこうとすること。

アイスクリームがアイスクリームとして存在するためには、基本的な成分である乳脂肪分が絶対に必要となる。オハヨー乳業の〈ジャージー牛乳バー〉は、そのネーミングからも分かるように、乳脂肪分にジャージー牛乳というブランド牛乳を使うことで、成分による差別化を図っている。さらに、ジャージー牛乳の名を冠したことによって、消費者がその品質や特徴を認知しやすく、購入に至るまでの意思決定がスムーズになるという利点もある。

「ジャージー牛乳」という成分をブランドの軸に据えたことによって、オハヨー乳業はアイスクリーム以外へのブランドの拡張においても、ブランドのアイデンティティを損なわず、成功したのである。

クラシエフーズ〈ヨーロピアンシュガーコーン〉

四半世紀を超えて愛され続ける「主婦の友」

「新人類」が流行語大賞をとり、若者がサブカルチャーを生み出していた1980年代半ば。コンピューターゲームやアニメの分野が時代の脚光を浴び、ヒップホップ、ストリートファッションといった新しいトレンドも誕生した。食の世界でも新しい提案が活発に行われた。たとえば、街角でコーンアイスを食べるスタイル。「これを日本国中の家庭に持ち込みたい!」。そんな思いから生まれたのが、クラシエフーズ株式会社（以下、クラシエフーズ）の〈ヨーロピアンシュガーコーン〉だ。

原宿のアイスクリームコーンを家庭に

ワッフルタイプのシュガーコーンを使用

１９８０年代半ば。女性たちの間で流行したファッションがボディコンシャス、略してボディコン。そんな服をまとった若い女性が、原宿のアイスクリームショップでアイスクリームコーンを買って食べるような体験を、毎日の家事に追われる主婦の方々にしてもらおう。それが、〈ヨーロピアンシュガーコーン〉を開発する素になった発想である。つまり、日常の生活とは距離がありそうなライフスタイルを、主婦が主役の座を占めている消費のボリュームゾーンに持ち込もうという「ライフスタイル提案型商品」として開発されたのだ。

市販のアイスクリームにコーンタイプがなかったわけではないが、従来のものはほとんど味のしないソフトコーン・タイプであり、アイスクリームショップのコーンとは似て非なるものであった。

アイスクリームショップでは、シュガーコーンあるいはワッフルコーンと呼ばれるコーンを使用していることが多い。これは、膨張剤を使用せずに、多めの砂糖を混ぜた生地を板状に焼き上げ、それを三角すいなどに成型したものである。甘みと風味があり、コーンそのもののおいしさもアイスクリームに一味加える存在となっている。

ヨーロピアンシュガーコーンは、このワッフルタイプのシュガーコーンを使用することを前提に開発が進められた。人気のファッションエリアで食べるアイスのような商品にこだわったからである。

割安感があるのにヨーロッパのイメージを漂わす

主婦をターゲットに設定したことから、当初からマルチパックでの商品化も想定された。マルチパックは、一般的に割安感が購入動機となっていて、家計を預かる主婦の節約志向にぴったりの商品形態なのである。当時、森永乳業「ビエネッタ」が主婦の間で人気があったように、日常の割安感をアピールしつつ、いかにライフスタイルや贅沢さを訴求できるかが、ヨーロピアンシュガーコーン開発の課題となった。

名称に「原宿」や「青山」ではなく「ヨーロピアン」とあるのは、街角でアイスクリームを食べるスタイルの原点をヨーロッパに求めたため。フランス映画やイタリア映画にいかにも出てきそうな、小粋なイメージを付加しようと考えたわけである。

当時、市販されていたコーンのアイスクリームはチョコで蓋をするスタイルが多く、バキッ、ザクッといった食感だったが、ヨーロピアンシュガーコーンはショップで食べるコーンアイスのような花しぼり充填を採用し、その上にチョコをトッピングしている。その結果、最初にクリームがダイレクトに口中に広がり、その直後にコーンのサクッとした食感が味わえるというソフトな口当たりのものになった。

また、家庭の冷蔵庫で一定期間保管してもおいしさを維持するために、コーンの内側に吸湿防止のチョココーティングを施している。保管している間にアイスクリームの水分をコーンが吸収してしまうと、せっかくのサクサク感が失われてしまうからだ。実はこのチョココーティングは全体的な味のバランス面においても、「コーン＋バニラ＋チョコ」という三位一体のおいしさを生み出すことに貢献している。

消費者は「贅沢さ」を支持した

こうして商品の内容やイメージづくりは着々と進んでいった。

しかし、アイデアを考え、手を加えていくほどに、コストは増えていった。商品の設定として、当時のマルチパックは6本入りがふつうだったが、ヨーロピアンシュガーコーンは5本ということになった。スーパーマーケットの店頭で主婦が商品を選ぶ際、6本入りと比べて割高感を抱かせてしまう恐れもある。それがマイナスに出るのか、それとも少し割高でも贅沢さを選択してもらえるのか、微妙な判断を要する。

当時から冷菓のマーケティングに携わってきたマーケティング室マーケティンググループ係長の森本郁子は、次のように振り返る。

「社内的には、『5本しか入っていないからこれは売れないだろう』という意見が強かったと思います。ところが、発売前にテストしたところ、店頭に陳列すると同時に売れてしまうなど、かなり評判が良かったのです。新商品は、初めに火がつかないと生き残れないものなのですが、ヨーロピアンシュガーコーンはお客様の反応がすぐに伝わってきました。それで、『これはいける』となったのです」

１９８６年９月、ヨーロピアンシュガーコーンの本格的な販売が開始された。商品の開発過程で思い描いた通り、ヨーロピアンシュガーコーンのコンセプトは主婦層を中心にじわじわと浸透し、一気に市場にその存在を確立していった。

日本の主婦とともに30年

いろいろ試したが、残ったのはマルチパック

その後もヨーロピアンシュガーコーンは主婦層に支持され続け、マルチパックの分野にアイスクリームコーンの市場を切り拓いていった。

実は、発売当初からの成功の勢いで、ノベルティ、アイスバー、ビスケットサンドと多種目に展開したのだが、結局残ったのはマルチパックのみであ

った（１９９５年時点）。やはり、「サク、サクッ」で「コーン、クリーム、チョコレートの３つの味の絶妙なバランス」を味わえるのは、ワッフルシュガーコーンあってのものだということだろう。

また、５本入りのマルチパックをワンセットで家庭の冷蔵庫にストックしておけば好きなときに食べられるという気楽さが、主婦層にはフィットしたということもできる。

「やや小振りなサイズなので、ガッツリじゃなくちょっと食べたいなっていうときにちょうどいい大きさです」

「ご飯のあと少しでいいけどアイスが食べたい！　というときにちょうどいい大きさ」

こうした購入者の感想が、クラシエフーズに多く寄せられていることからもそれは分かる。主婦層を中心に支持されたヨーロピアンシュガーコーンはロングセラー商品となり、発売後25年間で約4億箱（20億本）を販売し、発売から30年近く経ったいまも根強い人気を誇っている。

花束プレゼントに応募殺到！

ヨーロピアンシュガーコーンが長く愛されている理由の一つは、明確なターゲティングにあるといえるだろう。クラシエフーズは、意図的に「主婦」に狙いを絞って商品のあり方、販売方法を採り続けてきた。

たとえば、販売促進において、１９８８年から行っている「花束プレゼントキャンペーン」。プレゼントとして主婦が喜んでくれるものは何かを考えた結果、華やかなバラの花束に行き着いたという。現在も、毎年秋に、「バラの花束プレゼントキャンペーン」という名称で、Ａ賞はデザイナーズブーケ、Ｂ賞は女性が喜ぶ家庭的なグッズの２本立てて展開している。

１９９５年からは、このキャンペーンの応募ハガキが商品パッケージに印刷されている。当時、販促担当だった女性のアイデアであるが、従来５～６万通だった応募数が一挙に10万通に達した。主婦の心理を分析し、プレゼント企画に反映させたことで、販促施策が活性化した事例といえる。

マーケティング室冷菓グループ部長の男鹿豊は、その手応えを次のように説明する。

「こうしたキャンペーンは、通常は販売個数の2％ぐらいの応募があればOKなのですが、このキャンペーンは対象期間に出した個数に対して6％ぐらいの応募率があります。長く続けていますが、主婦層を中心に好評で、楽しみにしていただいているという実感があります」

このことからもクラシエフーズのターゲティングがたんに一方的な結果に終わっているのではなく、確実に主婦側の心をつかんだことが見て取れる。

「二つパリッといきましょ」

2010年、ヨーロピアンシュガーコーンのテレビCMが話題になった。2編あるが、演出や狙いはほぼ同じ。ちょっと元気のない主婦が、独り言のようにこんなセリフを言う。

①「主婦です。7年前のワンピですが……一つパリッといきましょ。飽き足らなければ、二つ三つパリッといきましょ」

②「主婦です。口コミさえ信じられない昨今ですが……一つパリッといきましょ。飽き足らなければ、二つ三つパリッといきましょ」

「一つパリッといきましょ」でヨーロピアンシュガーコーンを一かじり、「飽き足らなければ、二つ三つパリッといきましょ」で二かじり。このテレビCM、それほど何回も流されたわけではないが、オンエアと同時に話題になった。ネガティブ・アプローチではあるが、主婦がいかにも口にしそうな独り言であったことと、「デフレ」の時流をつかんだ表現であることから、レスポンスは共感的なものが多かったようだ。

実際、テレビCMのオンエアによってヨーロピアンシュガーコーンの売れ行きは大きく向上したという。

思えば、１９８６年に販売したころに20代主婦だった人たちも、このテレビCMが流れた２０１０年には40～50代になっている。１９８３年に主婦の不倫を題材として取り上げた『金曜日の妻たちへ』はたちまち高視聴率を記録し、「金妻」という略称が流行語にもなった。この金妻ブームの中にいた彼女たちも、バブル景気とその後の崩壊を経験、そして失われた10年を経てデフレの時代へと世の中が移り変わる中で、さまざまな悩みや疲れを背負った経験を持っている。

その彼女たちに四半世紀寄り添い、悩みや疲れを癒し続けてきたのがヨーロピアンシュガーコーン。少し大げさだが、そんな想いが購入を後押ししたのだろう。

強いブランドであり続けるために

セカンドフレーバーで変化を起こす

高級ブランド、人気ブランドという言葉をよく耳にするが、「ブランド」とはもともと、牛などの家畜に焼印を押すことが語源。家畜を見分けるための目印である。そこから自社の商品やサービスを他社のものと区別するための名称、イメージなどを言うようになり、いまや消費者の評価の尺度にもなっている。メーカーからさまざまなナショナルブランドが生まれる今日。さらに、スーパーマーケットやコンビニエンスストアにおける、高品質なストアブランド商品の展開は注目を集めている。

長い歴史を持つブランドが今後も生き残っていくためにはどうすればいいのか。２０１０年、クラシエフーズではヨーロピアンシュガーコーンのブランド力を再点検してみた。方法として採用されたのは、ヘビーユーザーへのデプス・インタビュー。ヨーロピアンシュガーコーンを長年支えてきた主婦層を中心に、１対１の長時間インタビューを10件ほど行い、消費者の正直な意見・感想を聞いたのである。

その結果、「定番の味」「安心感」というプラスのイメージがある反面、「変化に乏しい」「新鮮さに欠ける」というマイナスのイメージも指摘された。

この結果を受けて、クラシエフーズは、セカンドフレーバーの開発・発売を復活させることにした。２０１１年9月には〈ヨーロピアンシュガーコーン ストロベリー〉がセカンドフレーバーとして投入され、以降、年２回、新しいフレーバーの商品が発売されることになった。特に、２０１３年３月に投入した〈ヨーロピアンシュガーコーン 塩バニラ〉は人気を博し、既存ファンのリピート購入を促すと同時に、新しいファンの獲得に貢献した。

さらに一段上の贅沢さを提案して時代を拓く

さらに、2014年9月、新たな挑戦としてワンランク上のシリーズ〈大人のヨーロピアンシュガーコーン〉を発売。これは、アイスとトッピングのチョコの量を1・3倍に増量。エスプレッソコーヒーチョコがけバニラアイス&ココアワッフルコーンと、ビターチョコがけショコラアイス&プレーンワッフルコーンの2つの味が楽しめるアソートタイプ（各2個）としたもの。ちなみに4個入り380円という、やや高めの設定である。従来のヨーロピアンシュガーコーンのもう一段上の贅沢さを求める、新たな購買層を開拓するのが狙いだ。

このマーケティングを推進する男鹿は言う。

「現在、マルチパックのアイスクリームコーン市場で、ヨーロピアンシュガーコーンは46％というシェアを持っています。しかし、この数字に甘んじることなく、『マルチパックのコーンといえばヨーロピアンシュガーコーン』

というイメージを拡大していこうと考えています」

ヨーロピアンシュガーコーンは２０１６年に発売30周年を迎える。30年といえば商品サイクルの大きな節目といわれる年月である。その節目を前に、主婦をターゲティングした商品展開、そしてさらなるブランド強化の動きは、まだまだ続く。

KEYWORD

ターゲティングの明確さ

【ターゲティング】targeting
商品の標的となるマーケットを決めること。商品展開のための戦略策定の基本となる行為。

いわゆるマーケティングのSTP（セグメンテーション、ターゲティング、ポジショニング）の一つであるターゲティングとは、ターゲット、狙いとする層（セグメント）を決めることである。

クラシエフーズの〈ヨーロピアンシュガーコーン〉は明確に主婦層をターゲットとし続けてきた。ターゲットが明確であったので、少し小ぶりで高級感あるワッフルコーンや、主婦が喜ぶ「花束」のプレゼントキャンペーンなど、製品やプロモーションなどのブレないイメージでマーケティングミックスを展開し続けることにより、ロングセラー商品として定番化することができているのであろう。

「子ども」をターゲットと想定することの多いアイスクリームの世界で、「主婦」をターゲットとしたことは、大きな差別化要因となっている。主婦たちにとっては、子どものために買うのではない「自分のためのアイスクリーム」としてポジショニング（消費者の心の中における位置付け）されたのであろう。

第4章

「面白い！」が広げるアイスへの導線

赤城乳業〈ガリガリ君〉

協同乳業〈ホームランバー〉

フタバ食品〈サクレレモン〉

赤城乳業〈ガリガリ君〉

「アイスクリーム売場に人を集める!」販促企画をその一点に集約

かつて家庭用ゲーム機が「ファミコン」と呼ばれたように、圧倒的なヒット商品が、競合・類似商品の総称のようになることがある。氷菓のアイスバーでいえば、赤城乳業株式会社（以下、赤城乳業）の〈ガリガリ君〉がまさにそうだ。世界的なビッグイベントに登場したかと思えば、世の中をアッと言わせるフレーバーを発売するという華やかな販促企画の数々だが、底に例外なく流れるのは「アイスクリーム売場にもっと人を集めたい」という、赤城乳業の思いなのである。

マーケティング担当者が把握し切れないほどの数を仕掛ける

イベントやコラボは年に１００本以上

〈ガリガリ君〉の２０１３年の売上は約４億７５００万本。ざっと日本人全員が３本ずつ「ガリガリ」した計算になる。その売れ行きをけん引しているのが、大小さまざまな販促企画である。

「イベントやコラボレーションなどすべてを含めると、年間１００本以上あります。それが30年以上にわたって続いているわけですから、あまりに多すぎて、担当者の私でさえ、もはや正確に把握し切れていないのが実状です（笑）」

担当10年目となる赤城乳業マーケティング部の萩原史雄は、苦笑いを浮かべて言う。２０１４年に開催されたサッカーワールドカップブラジル大会。ガリガリ君はサッカー日本代表とコラボレーションを展開、パッケージや関連グッズなどでサムライブルーのユニフォームを身にまとっていた。東京ラーメンショーにも、旅行代理店のスキーツアーにも、誤解を恐れずに言えば節操なく登場する。

「これらはすべて、ガリガリ君を食べるシーンを増やしたいという目的でやっています。サッカーを一生懸命応援したハーフタイム、熱々のラーメンを食べたあと、スキーで汗を流したあと、ほっと一息クールダウンしていただきたい。そういう新たな食シーンをご提案しているわけです」

2013年夏のイベント「ガリガリ君祭りINパルコ」。

2014年冬、旅行代理店のスキーツアーとのコラボレーション。

萩原はこれを〝外からの販促〟と呼ぶ。ガリガリ君のキャラクターをアイスクリーム売場から離れた場所に登場させ、結果的に売場に人を集める。これはアイスクリーム売場全体に対するガリガリ君の使命であると、萩原は考えている。

現代の口コミをいかに発生させるか

ガリガリ君のもともとのターゲットは、外で元気に遊ぶ子どもたち。販促の手段は彼らの間の評判、口コミによるところが大きかった。音曲漫才のポカスカジャンが歌う「♪ガ〜リガ〜リ君〜」のフレーズが印象的なテレビCMの初放映は、発売から20年近く経った2000年。それまで、赤城乳業ではいかに昔ながらのシンプルな口コミを発生させ、広げていくかを考えていた。クラスの誰かが「なんだかガリガリ君っていうアイスがうまいぞ」と言う。それを聞いて気になって買いに行く。そういった輪を徐々に広げていった。

「いま、販促に関しては〝現代の口コミ〟をいかに発生させるかというところで考えています。時代が変わっても本質は何も変わっていません」

たとえば、2012年に大きな話題を呼んだ〈ガリガリ君リッチ　コーンポタージュ〉（コンポタ味）も発端は口コミ。異色のフレーバーだったため、ブログやツイッター、SNSで賛否両論が交わされ、食べ方や楽しみ方の情報が飛び交った。製造が販売に追いつかずわずか3日で販売休止に。このときの宣伝効果をメディア換算すると、5億5000万円にも上った。

口コミのフックとなり得る販促企画をどんどん実行していくと、結果的に年間100本以上に上る。キャラクターの知名度もあり、イベントやコラボレーションの依頼は引きも切らない。ところがそういった依頼の9割ほどは断るという。

「詳しい基準は企業秘密ですが、やはり重要なのはアイスクリーム売場への導線になるか。食シーンの拡大につながるかということです」

ガリガリ君のキャラクターが知名度、人気ともに不動の地位を得たことで、キャラクタービジネスも展開している。それらの企画、制作、販売、版権管理などは2006年に立ち上げた関連会社「ガリガリ君プロダクション」で行っており、はみがき粉、タオル、入浴剤といったコラボグッズが世間の話題になっている。

「現在では、キャラクターや関連商品などの売上が大きく拡大しています。ただ、これもやはりガリガリ君の食シーンの拡大、アイスクリーム売場への導線づくりという目的があってこそのことです」

あくまでも〝外からの販促〟の一環であることを萩原は強調する。

ガリガリ君ができるまで、できてから

子どもが片手で持てるアイスバーをつくろう

赤城乳業の設立は１９６１年12月。創業は天然氷の販売を始めた31年まで遡る。社名の由来は、埼玉県深谷市の本社から見える名峰赤城山から。赤城山の裾野の広がりのように、広く大衆から愛される会社にしたいという願いを込めた。

１９６５年に発売したカップ入りのかき氷〈赤城しぐれ〉が66年に大ヒット。売上10億円以上を記録して現在に続く躍進のきっかけとなった。赤城し

1981年当時のパッケージ。

ぐれは日本で初めてつくられたかき氷カップといわれ、２０１４年には発売50年を迎えたロングセラー商品。ガリガリ君も赤城しぐれをきっかけとして開発された。

「外で遊ぶお子さんをターゲットに商品企画をスタートしましたが、赤城しぐれでは片手にカップ、もう片方の手にスプーンを持つので、遊びながらでは食べられません。そこで片手で持てるスティックタイプにしたという経緯があります」

　発売時からのキーワードは「でかい、うまい、安い、当たりつき、さわやか」。たとえば「でかい」の基準は、子どもが片手で持ち運べるということである。

120㎖（発売当時）という容量はそれを念頭に設定された。

発売時のソーダ、コーラ、グレープフルーツの3フレーバーは、当時の子どもに人気があった飲料から選んだ。価格は子どもが買える50円（現在は税抜き60円）、バーに当たりくじの焼印を使ったことも、子どもたちの関心を大いに引いた。

キャラクターを小学生にリニューアル

1994年、ガリガリ君は年間6600万本まで売上を伸ばし、最初のピークを迎えた。ところが徐々に伸びが鈍り、2000年に全面リニューアルすることを決定。これがガリガリ君のターニングポイントとなった。萩原が説明する。

「きっかけは、全国3万人規模の消費者調査です。当時のキャラクターが女性から『歯ぐきが気持ち悪い』など酷評されていることが分かったのです」

それまでのキャラクターは、何と赤城乳業の社員がつくったものである。さっそくこれを刷新。設定をガキ大将の中学生から小学生に、素朴さと親しみやすさを残しつつ、女性からの支持も得られる現在のキャラクターへと改めた。もちろん、プロのデザイナーに依頼して。

キャラクターとともに、パッケージもリニューアル。初めてテレビCMの放映も決まり、あのCMソング「♪ガ～リガ～リ君～」が生まれる。これらのリニューアルが功を奏して、2000年の売上は初の1億本を突破。その後、07年に2億本、10年に3億本、12年に4億本と快進撃を続けていった。

1本60円の商品に100億円の設備投資

2010年2月には、埼玉県本庄市に本庄千本さくら『5S』工場が竣工した。

「設備面のリニューアルで一番大きい出来事です。工場見学ができるよう一般公開して安心安全をお伝えしつつ、お客様にもアトラクションとして楽しんでいただく。もちろん、生産力増強にもつながっている。まさにこの工場が現在の赤城乳業のすべてを体現していると、私は感じています」

ちなみに5Sとは「整理・整頓・清掃・清潔・しつけ」。萩原が熱く語るように、この工場の存在は、消費者の間で「ガリガリ君の赤城乳業」をさらに知らしめるという役割も果たしている。萩原が目を輝かせて言う。

「1本60円の商品に１００億円以上の設備投資をする会社なんて、何か痛快じゃありませんか？」

ここで年間５万kℓに及ぶアイスクリームがつくられている。ガリガリ君にかぎっていえば、１ラインで1時間あたり2万１０００本が生み出されている。

2010年に竣工した本庄千本さくら『5S』工場。

工場見学は完全予約制。抽選となる人気スポットだ。

工場の竣工により生産力は大幅にアップした。

新奇さと意外性。それを実現する技術力

外はカッチリ、中はシャリシャリの2層構造

子どもが遊びながら食べられるよう、ワンハンドのバータイプで発売したガリガリ君。しかし当初は、かき氷にスティックを刺して固めただけのものだったので、食べているうちに氷が溶けてばらばらに崩れてしまう。そこで、外側にアイスキャンディーでコーティングを施し、2層構造にした。萩原は説明する。

「金型に原料を流し込んでシェルと呼んでいる薄い氷の膜をつくり、その中にかき氷を充填する方式を採りました。これによって外側はカッチリ固まっているので崩れず、内側はかき氷独特のシャリシャリ感を出せる。お客様はアイスキャンディーとかき氷、2つの食感を楽しめるようにもなりました」

実はガリガリ君、フレーバーによってかき氷の粒の大きさを微妙に変えている。たとえば梨味では梨のサクッとした食感を、キウイ味ならキウイのじゅるっとした食感を、パイン味ならパインの繊維らしい食感を出している。

「食感を出せるというのは、かき氷の大きな特徴。かき氷の粒の大きさを粒度というのですが、フレーバーによって粒度を変えているところはほかではなかなかないと思いますし、トータルで年間約５億本、粒度のそろった商品を供給できる削氷技術にも自信を持っています」

赤城しぐれ発売から50年あまり。削氷機のセッティングなどさまざまな試行錯誤の積み重ねが、高い技術となっている。

遊び心が衝撃的な話題を生む

ガリガリ君の30年以上の歴史は、常に世間に話題を提供してきた歴史でもある。特にここ数年は、２ヶ月ペースで新フレーバーを限定発売してきている。中でもファンに衝撃を与え、熱狂させたのが２０１２年発売のコンポタ味。先述した通り、アイスクリームの枠を超えたニュースになった。生産中止の記事が新聞や雑誌に載ることで、50〜60代の間で知名度が一気に高まるという結果も生んだ。製造が販売に追いつかないというアクシデントが発端で多分に結果オーライの部分もあるが、衝撃や熱狂の源にあるのは、萩原など担当者の遊び心だ。

コンポタ味に続く意外なフレーバーとして、クリームシチュー味、ナポリタン味なども発売された。特にクリームシチューは江崎グリコの『クレアおばさんのクリームシチュー』とのコラボレーション。アイスクリームメーカー同士の前代未聞のコラボは業界で話題になった。きっかけは食品業界の勉強会。国内市場が縮小する中、メーカーの垣根を越えて何かを仕掛けようと意見が一致したからだった。ほかにも、ネスレ日本、不二家、北海道のロイズコンフェクトなど、菓子メーカーとのコラボを実現している。

あえて小中高生をターゲットにした商品展開も

アイスクリーム業界に限らず、食品関連の多くの企業が販促で力を入れているのは、シニア層や主婦層である。そんな中、赤城乳業ではあえて小中高生に狙いを絞った商品も発売した。２０１４年５月に発売した青りんご味の〈ガリガリ君リッチ　ほとばしる青春の味〉は、中高生に人気のミュージシャン「ＧＲｅｅｅｅＮ」とのコラボ。これが意外な好感触を得た。

ガリガリ君のテレビCMのキャプチャー。

「小学校高学年から高校生ぐらいまでをターゲットにしたのですが、人口比率でいくらこの層が少ないといっても、長いスパンで考えれば決して無視することはできません。２０１４年に限れば、ヒットしたフレーバーの上位に入っています」

ガリガリ君の食シーンを広げるとともに、アイスクリーム売場に人が足を運び、商品を手に取って購買に至る。これからもその目的を果たすために、萩原たち担当者は一見奇抜な企画をくり出し、世間をあっと言わせ続けるであろう。

「状況はめまぐるしく変化していますので、今日お話ししたことも、原稿に起こし、本になった時点ですっかり古い情報になってしまっているかもしれませんよ（笑）」

萩原のこの言葉は、決して冗談ではあるまい。

KEYWORD

プラットフォーム化するブランド

【プラットフォーム】platform

プラットフォーム戦略とは、周辺企業や社会を巻き込む「場」をつくることによって、自社だけではできなかった、商品やサービスのより高い価値の創造を目指す。

プラットフォーム戦略は、通常はIT関連の企業において使われることがほとんどであるが、赤城乳業〈ガリガリ君〉の戦略においても同じような図式が見られる。〈ガリガリ君〉というブランドをプラットフォームとして用いて、さまざまな企業やイベントと連携、コラボレーションすることで〈ガリガリ君〉自身のブランドの強化につながっている。数々のイベントやコラボレーションによって露出を増やすことで、口コミも増えていく。

〈ガリガリ君〉自身をプラットフォームにして、これまでのアイスクリームの常識を超えた味の展開や、変幻自在、縦横無尽な動きで、味覚ではなく、動きによるブランドづくりを行っている。〈ガリガリ君〉というアイスそのものを「楽しむ場」として展開していくことで、消費者が次にどんな展開があるのか楽しみに待つという、動的なブランド構築なのである。

協同乳業〈ホームランバー〉

食べるだけではない楽しみを創出 当たりくじ付アイスの元祖

1960年ごろ、子どもたちがおやつを買うのは家の近くにあった駄菓子屋だった。そこで人気だったのは、当たりくじ付のチョコやガム、飴。そんな店先に、ある日、当たりくじ付のアイスクリーム〈ホームランバー〉が登場した。いまでこそゲーム感覚で消費者とコミュニケーションをとる方法を「ゲーミフィケーション」と呼んでいるが、そんな言葉も概念もない時代にアイスクリームに野球のゲーム性を持ち込むアイデアは刺激的だった。仕掛けたのは、協同乳業株式会社（以下、協同乳業）である。

昭和30年代の世相から生まれたコンセプト

日本初のアイスクリームバーを発売

〈ホームランバー〉の発売は１９６０年であるが、実は前段がある。協同乳業の創業は１９５３年。農民主導の乳業会社として「食の洋風化」を推進すべく、旧・名古屋精糖株式会社から資本を得てのスタートであった。当時の商品名に「名糖」の２文字が入っていたり、現在の協同乳業の商品ブランドが「メイトー」なのは、このことに由来する。

創業早々の１９５５年、デンマーク・グラム社から自動充填・成型機アイスクリームマシンを日本で初めて導入。さらにこれも国内初となるアイスクリームバーを発売。当時、アイスクリームが高級品といわれ、５円のアイスキャンディーが主流だった時代である。このとき発売したアイスクリームバーは、１本10円という手ごろな価格設定で大人気となる。

そのヒットはしばらく続くと思われたが、２年もすると次第に飽きられてしまう。他社の追随を受けたことが苦戦を強いられた大きな要因だ。

当たりくじ付＋野球のワクワク感

売上の低迷を受けて、社内でアイスクリームバーの再生策が検討され、アイスクリームバーの容量を60ccから70ccに増量する案でほぼ決まりかけていた。この案に猛反対したのが、当時のアイスクリーム営業課長であった森三郎だった。森は、量の訴求ではなく、営業のアイデアで売上を伸ばすことを主張し、以下の3つの要素を組み合わせるやり方で経営陣を説得した。

◎1点目　スティックに焼印

知り合いのスティック業者から、他社はスティックに社名の焼印をしているということを聞いた森は、それを活用して消費者が思わず買いたくなるような仕掛けはできないかと考えた。

◎2点目　当たりくじ付

当時、当たりくじ付商品は菓子類では見られたが、アイスクリームでは前例がなかった。森は、焼印を使ってアイスクリーム初の当たりくじ付商品を考えた。

◎3点目　長嶋茂雄・野球・ホームラン

　立教大学のスラッガーとして東京六大学野球のヒーローだった長嶋茂雄選手の人気に注目し、商品と結びつけることはできないかと考えた。併せて、野球のワクワク・ドキドキする楽しさや、ホームランの爽快感なども要素として取り入れようとした。

　こうした3つの要素を組み合わせ、スティックにホームランなどの野球用

国内で初めて導入された自動充填・成型機。

1960年、〈ホームランバー〉発売当時のパッケージ。

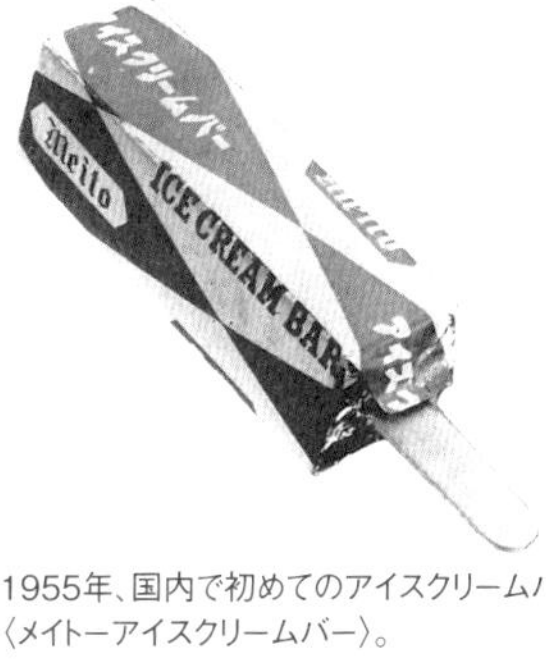

1955年、国内で初めてのアイスクリームバー
〈メイトーアイスクリームバー〉。

語を焼印して当たりくじの仕組みにするというアイデアが固まっていった。
内容は次のようなものである。
・満塁ホームラン／野球盤などの豪華景品プレゼント
・ホームラン／店頭でホームランバー1本交換
・ヒット1塁打、2塁打、3塁打／4塁打分集めると店頭でホームランバー1本交換
4塁打でホームランと同じように1本交換というのは、野球ルールを当たりくじに持ち込んだものだが、リピート購入を促進する営業戦術としても秀逸である。

キャンペーンに長嶋選手起用で大当たり！

森のアイデアを受けて、当たりくじの仕組みをダイレクトに訴求するホームランバーというシリーズ商品が考え出された。銀紙のパッケージには、野球帽をかぶったホームラン坊やと野球のグラブとボールを印刷。このパッケージのデザインとキャラクターは、後に日本を代表するイラストレーターと

なった和田誠の手によるものである。

１９６０年1月、名糖アイスクリームバー　ホームランシリーズ発売。ただし、この時点では当たりくじ付ではなく、3月に始めたキャンペーンから当たりくじ付となった。

キャンペーンのポスターには、すでにプロ野球の巨人軍に入団して活躍していた長嶋茂雄選手を起用。こうした話題性も追い風となってホームランシリーズは、工場が24時間フル稼働しても出荷が間に合わないほどの大ヒット、いやホームラン級の売上を達成した。

アイスクリーム初の当たりくじ付商品を実現させた当時のアイスクリーム営業課長、森三郎。

原点に戻って再スタートを切る

華やかなキャンペーンを展開しても陰りが見えてきた

ホームランバーの大ヒットに追随して、再び他社も類似商品を送り出して来た。

それに対して協同乳業は、話題性のあるキャンペーンを打つことで対抗した。1966年には子どもたちに大人気の玩具「宙返りレーシングカーセット」や「あるく・おはなし人形ローリちゃん」が当たるキャンペーン、68年には人気アニメ「マッハGoGoGo」とのコラボレーションキャンペーンを実施。さらに、アポロ11号が人類初の月面着陸に成功した翌年の70年には、アポロシリーズキャンペーン、スティーブン・スピルバーグ監督の映画『未知との遭遇』が大ヒットした78年にはUFOの玩具、80年には野球ブームの中で登場してきたスピードガンが当たるキャンペーンというように、景品もエスカレートしていった。

ところが、華々しいキャンペーンを展開し続けたが、時代とともに売れ行

1970年、アポロキャンペーンの広告。

1966年、レーシングカーキャンペーンの広告。

1980年、スピードガンキャンペーンの広告。

1978年、UFOキャンペーンの広告。

きは次第に陰りが見え始めてきた。発売当時10円だった販売価格を1977年に30円に値上げしたことも低迷の1つの要因だった。

加えて、発売当時にホームランバーを扱っていた駄菓子屋や個人商店などが減少したことも響いた。スーパーマーケットやコンビニエンスストアの増加に押された結果である。

そこで協同乳業は、1982年にスーパーマーケット向けのマルチパック〈ホームランバー（バニラ&チョコ）10本入り〉を発売し、活路を見いだそうとした。ただし当時のマルチパックには当たりくじの焼印はなかった。

1989年、個食の価格を50円としたことで消費マインドはさらに離れてしまう。そして、90年にノベルティ（個食）タイプは販売中止となり、いったん、協同乳業のホームランバーの当たりくじ焼印は姿を消すことになる。

45年目の再出発、ブランドの総括と再構築

発売から40年を経て２０００年代に入ると、売れ行きの下落はますます顕著となった。どんなホームランバッターにも衰えがやって来るように、商品も導入期、成長期、成熟期、衰退期というライフサイクルをたどる。04年ごろまで、ホームランバーは明らかに衰退期の様相を呈してもがいていた。

こうしたライフサイクル末期において、衰退する商品を若返らせることはなかなか難しい。過去の発想からできた商品コンセプトを今日に合うようにリニューアルすると、ともすれば商品のアイデンティティが失われ、ブランド力を失うという事態になりかねない。だが、協同乳業はリニューアルに前向きに取り組んだ。当時の社内の動きについて、デザート統括室の中村博之は次のように語る。

「この落ち込みの原因について話し合いを重ね、〝お客様に提供するブランドコンセプトがはっきりしなくなった〟という結論に至りました。そこで、もう一度ホームランバーというブランドを総括し、コンセプトの再構築をし

たのが05年のことでした」

45年目の再出発。そこには、ブランド管理面の反省とともに、従業員のホームランバーへの深い愛情があった。

ブランド再構築の結論は原点の「当たりくじ付」

ぼやけてしまったコンセプトをどうすれば鮮明にできるのか。ブランド再構築に向けて協同乳業では、「ホームランバーとは何ぞや？」というシンプルな問いへの答え探しが繰り返し行われた。いくつものキーワードが出されたが、最終的に残ったのは、やはり「当たりくじ付」。アイスクリームに、食べるだけではなく、当たりくじが出てくるかどうかという「ワクワクする」楽しさを持ち込んだ発売当時の原点を再確認したのである。

そして、新たなテーマに決定したのが、「ラッキー&サプライズ」。「もしかしたら当たるかもしれない」というワクワク・ドキドキ感と、「当たってびっくり！」の驚き・うれしさを強く打ち出したのである。ただし、マルチパック形態での当たりくじ付アイスの販売は業界でも初めてであったので、導入には慎重を期した。

仕組みとしては、マルチパック形態で「ホームランの焼印が出たら、店頭でホームランバー１本交換」というシステムは店舗オペレーションが困難なため、当たりくじの仕組みは次のように改められた。
・ホームラン賞／スティックに「ホームラン」の焼印が出たら当たり。応募用紙にスティックを貼って送ると、もれなくオリジナル景品が当たる。
・ヒット賞／スティックに「一塁打（１ポイント）」「二塁打（２ポイント）」「三塁打（３ポイント）」の焼印が出たら、合計４ポイントを集めて応募すると、抽選でオリジナル景品が当たる。
マルチパックの購入者は主婦が中心であるため、親子がともに楽しめる景品が考えられた。リニューアル第一弾は「食べたらわかる当たりつき!」キャンペーンで、ホームランボール（ホームランクッション）の中にどんな景品が入っているかは、開けてからのお楽しみであった。

11代目ホームラン坊や

サンプリングイベントではホームラン坊やを前面に出す。

初代をモチーフに誕生！　11代目のホームラン坊や

商品訴求においてもコンセプトを主張する要素を磨き、過剰なものを削ぎ落とす作業が行われた。

ホームラン坊やは、２００５年までに10代を経ていたが、イメージを維持する意識が薄かったこともあり、姿や表情がまちまちであった。05年のブランド再構築にあたっては、初代ホームラン坊やをベースにキャラクターづくりが行われた。堀田聡のアートディレクション、土器修三のイラストによって、初代と同じ丸顔で笑顔を浮かべたホームラン坊や、ただし今日風にアレンジされて、元気に大きく口を開けた11代目が生み出された。

小さな幸せを届けて半世紀にわたって売れ続ける理由

焼印スティック、その比類ないワクワク・ドキドキの世界

ホームランバーのリニューアルは成功し、売上は毎年2桁伸長と、力強いテンポで上がっていった。その背景には長年にわたって愛されてきたことによるブランドへの回帰があった。もちろん、乳業メーカーとして乳原料へのこだわりから生まれた、コクのある味わいも消費者に認められた。

そういったアイスクリームとしての実力は承知した上で、当たりくじにフォーカスしたのは、シンプルな焼印がつくり出すワクワク・ドキドキ感がほかに類を見ないものだからである。日曜日、協同乳業の社員は、少年野球のグラウンドに足を運びサンプリングを行うことがある。中村が語る。

「子どもたちに、『いつも食べてる?』と訊くと『食べてるよー』と元気な

声が返ってきます。野球の前にホームランバーを食べて、焼印が出てきたときはすごくラッキーな感じがして、ヒットやホームランが打てそうな気がすると言うのです。そういった運試し的な要素も含めて、楽しんで食べてもらっているところがこの商品の強いところだなとつくづく思います」

ホームランバーは２０１０年に50周年を迎えた。その味は３世代、４世代に親しまれてきた。まさにロングセラーである。協同乳業のお客様相談室には、ときどき丁寧な手紙が届くことがある。

「久しぶりにホームランバーを目にしたので、懐かしくなって買って帰りました。家族と食べていると、中の１本からなんとホームランの焼印が出てきました。そのとき、子どものときの思い出がよみがえってきました。こういう楽しさをいつまでも守ってください。ずっとつくり続けてください」

そんな内容である。１本のアイスクリームのスティックに押されたシンプルな焼印は、半世紀以上にわたってそんな幸せを生み続けてきた。長嶋茂雄選手が引退セレモニーで「巨人軍は永久に不滅です」と語ったように、ラッキー&サプライズも不滅のようである。

KEYWORD

ワクワク感を生み出すゲーミフィケーション

【ゲーミフィケーション】
商品やサービスにゲーム的な要素やメカニズムを持ち込むことにより、消費者とコミュニケーションを図り、消費者の参加や行動を活性化しようとする発想。

ITの「ロードマップ」にゲーミフィケーションが登場したのは、最近のことである。ソーシャルメディアの発展に伴って、顧客との接点であるサイトにゲームの要素が取り入れられ始めたわけだが、〈ホームランバー〉は50年以上前の誕生からゲーミフィケーションを取り入れていたのである。協同乳業は「当たりが出たらもう一本」もらえるというゲーム性、ワクワク・ドキドキ感をアイスクリームの世界に持ち込んだのだ。

〈ホームランバー〉というネーミングも秀逸なら、パッケージもコンパクトでカワいい。いまや野球よりもサッカーという時代になったが、野球は詳しく知らなくても〈ホームランバー〉は知っているという少年少女は多いはずだし、「ホームランが出ればいいな」という買うときのちょっとした期待感は大人も同じである。ゲーミフィケーションを軸としたブランドづくりによって、〈ホームランバー〉はアイスクリームの世界でのポジションを明確にし、ロングセラー商品として愛され続けているのである。

フタバ食品〈サクレレモン〉

栃木発の「ソフト氷」はご当地ブームで大爆発！

部活帰りの高校生が思わず食べたくなる定番といえば、男子なら「ラーメン」「コロッケ」、女子なら「ドーナツ」「クレープ」といったところだろうか。もし季節を真夏に限定するならば、男女問わず、シャリシャリとした「アイス」が加わるのではないだろうか。そんな青春の原風景にピッタリの氷菓ブランドが〈サクレレモン〉である。何しろ、氷の風味がレモン味というだけでなく、正真正銘のレモンの輪切りが1枚、そのまま入っている。「アイス＋レモン」というこの組み合わせは、かなり強力だ。

「ソフト氷」という新ジャンルを生み出す

夏の定番「ハード氷」の難点とは

「ハード氷」と業界では言うらしい。一般に「かき氷アイス」とか「みぞれ」と呼んでいる、カップに入った氷菓のことである。

冷凍庫から出したばかりのかき氷アイスやみぞれを食べようとしたときに、ちょっとイライラしたことはないだろうか。プラスティックのスプーンや木のスティックで突いてみても固くて歯が立たない。「固い＝ハード」ということで、「ハード氷」という通称になったという。

まだクーラーや扇風機も普及していない昭和の時代、団扇とともに夏の風物詩の一つだったのが、白地に青い波、そして赤い文字で「氷」と書かれた旗がひらめく「かき氷屋」だった。大きな氷の塊を機械で削って、その上にイチゴ風味のシロップなどをかける。このコンセプトを商品化して、どこでもかき氷を味わうことができるようにしたのが「ハード氷」だ。たとえクーラーが一般家庭に行きわたる時代になっても、暑くなるとこのハード氷を買い求めて一時の涼をとるのが日本の夏の定番であった。

懐かしい光景ではあるが、当時から「もう少し食べやすくならないか」という声があった。真夏にはカップが汗をかいて、手で持っているとグッショリと濡れてしまうという難点を指摘する声もあった。

フタバ食品株式会社（以下、フタバ食品）が、1985年に発売した〈サクレレモン〉は、こうした課題を克服しようという意図で開発された。つまり、ハード氷のイノベーションが生み出した商品として登場したのである。

「ソフト氷」で中身もカップも様変わり

開発にあたって目指したのは、「ソフト氷」。冷蔵庫から出してすぐに蓋を開けてもサクッとスプーンが入るイメージである。そのために、氷がカップの中でカチンカチンに固まらないよう安定剤などの成分を調整し、シャーベット状に保たれるようにした。

また、カップが汗をかかないように、従来使われていたポリスチレンの薄い素材ではなく、やや厚めの低発泡容器に変えた。当時、インスタント味噌汁で発泡容器が出始めたころであり、これにアイデアを得たのだった。発泡容器は熱を伝えにくいため、氷の冷たさが外に漏れず、持つ手が濡れるほど水分が付くことはなくなった。

この容器は、別のメリットももたらした。ソフト氷は軟らかいため溶けやすいが、消費者からすれば食べ終わるまでサクサクのシャーベット状態が保たれていてほしい。低発泡容器は保温性があるので、カップ内の冷たさが保たれ、ソフト氷をサクサクの状態で維持するはたらきをした。

こうして、初期に指摘されていた課題は改善された。

しかし、商品としてのインパクトが足りないという意見が社内にはあった。ソフト氷を提供するための技術開発や容器の改善だけでなく、商品そのものの価値を訴える何かが必要だというわけである。

女子学生の人気商品からレモンの輪切りを着想

サクレレモンは、当初から「部活帰りの10代の女子学生に食べてもらいたい」というターゲット・イメージを描いていた。開発当時を知る取締役企画部長の齊藤龍樹は次のように振り返る。

「改善しただけでは面白くないので、少し付加価値をつけてレベルアップしたいということになったのです。その当時、女子学生が好きだったレモンスカッシュにはレモンの輪切りが載っていました。そこから、この氷にレモンの輪切りを載せようという発想が出てきました。アイスの中で、最初に果物の輪切りを載せたのはサクレレモンではないかと、私は思っています」

アイスに本物のレモンをトッピングすれば、視覚効果はグンと高まり、印象度は抜群である。こうして、サクレレモンの商品設計は固まった。ところが、たいへんだったのはここからである。アイスにマッチするようにと、酸っぱいレモンを甘く加工しようとしたが、そうすると輪切りのレモンがよれてしまい、アイスの上にまったくフィットしなかったのだ。もちろん見た目もよくない。企業秘密ということで具体的なことは明らかにはならなかったが、試行錯誤を重ねた結果、輪切りにしたレモンをそのまま氷に載せて、氷の甘みを含ませるよう製造工程を工夫することで、何とか目指す商品が仕上がった。

輪切りのレモンを載せるというアイス初の試みは、苦心の連続であった。

ご当地ブームに乗って大躍進！

女子学生がターゲットやコンセプトになった80年代

サクレレモンは女子学生をターゲットとして想定していたため、発売前のモニタリングで女子学生層に試食してもらい、意見・感想を聞いた。「食べ始めからサクサク！」「甘酸っぱいレモン味がおいしい」「しかも、輪切りのレモン載せ」「持っていてベタベタしないカップ」と、評判は思った以上であった。当初大阪工場で製造されたこともあって初期の1985年は大阪地区で販売していたが、そこで手応えを感じたフタバ食品は発売6ヶ月後に全国販売に踏み切った。

サクレレモンが発売された1985年といえば、その1~2年後に一気に表面化するバブル景気の前夜ともいうべき時期で、テレビ番組からデビューした女性アイドルグループの「おニャン子クラブ」が歌った『セーラー服を脱がさないで』が大ヒットしている。サクレレモンのように女子学生がターゲットやコンセプトになる時代であったのかもしれない。

かといって、サクレレモンに関しては、とくに目立ったCM展開を行ったわけではない。ただ、今日までwebサイトなどの画像の中心となるキービジュアルには女子学生イメージのアイドルを起用し、ステッカーやチラシでの訴求を行っている。新感覚のソフト氷と、初々しい女子学生のイメージは確実に浸透し、氷菓市場で一定のパイを獲得することに成功した。

やがて、1995年に発売した〈サクレオレンジ〉が第2の柱として定着した。また、2008年にスティックタイプの〈サクレレモンバー〉、09年にマルチパックの〈サクレキッズ〉、10年には新しい味の提案である〈サクレあずき〉が発売されている。

地元栃木出身のお笑いコンビを起用し販売数が2倍に

確実なファンをつかんだサクレレモンは、1990年代後半にアイスクリーム市場が低迷した時期にも安定した販売を維持し、ほかのハード氷が存在感を薄めていく中で生き残りに成功した。ところが2000年代に入ると、それまで順調に伸びてきた売上が停滞し、次第に頭打ちの様相を強めていた。

それが、２０１０年に大きな転機が訪れる。従来の女子学生イメージから大きく踏み出し、地元栃木県出身のお笑いコンビを使った販売促進を行ったところ、テレビＣＭもせずに、この年の年間販売個数は３８００万個と前年のほぼ2倍の数字になったのである。

まずは、お笑いコンビ起用の発端を齊藤に聞こう。

「サクレレモンをもっと拡販していこうと会議をしたとき、サクレレモンという商品は知られているけれど、フタバ食品という会社の名前や、栃木県発の商品であることはあまり知られていないという話が出ました。それで、発売25周年を記念して地元・栃木県出身のお笑いコンビにキャラクターになってもらってキャンペーンをやろうということになったのです」

栃木のレモン牛乳を全国知名度に引き上げたことでも知られる彼らは、２０１０年以前からお笑いのネタとしてサクレレモンを使っていた。それが、キャラクター契約を結んだことで、より強力にプッシュしてくれるようになり、「サクレレモン・栃木県・フタバ食品」が一気通貫で全国的に認知されるようになった。

「サクレレモンってネタにしているけど、栃木なんだ、フタバ食品がつくっているんだ、と。そういえば、部活帰りに食べたな、と。あるいは、よく知らなかったけれど、ちょっと食べてみようか、と。それで販売個数が２倍になりました」

齊藤は笑って答えた。そのお笑いコンビとのキャラクター契約は２０１１年までの２年間だったが、その後も売上は衰えることがない。

SNSを使ったコミュニケーション作戦

個人対個人のようなつながりで情報拡散

サクレレモンの売れ行きを支えているものは何か。確かに、人気のお笑いコンビを起用したことによってご当地ブームに乗ったことは大きいといえるが、かといってテレビCMを放映したわけではない。広告も東京近郊のJR各線で展開した車内ステッカー程度であった。

そこには、個人はもちろん、企業や組織もあたかも個人のようにつながる

「個と個をつなぐネットワーク」を用いた現代ならではのコミュニケーション事情があるからだ。

たとえば、お笑いコンビがブログやフェイスブックでサクレレモンについて取り上げると、「じゃあ、サクレ食べてみるわ」という書き込みがあったりする。あるいは、ラジオやテレビ、ライブなどでサクレレモンをネタとしたトークをすると、それを見聞きした人がツイートしたり、自分のＳＮＳで取り上げたりというように、話題が拡散していったのである。

こういった個と個をつなぐネットワークに乗ってサクレレモンへの興味喚起が図られた結果、２０１０年の売上倍増が実現した。

もちろん、いくら有名なタレントを起用したからといって、どんなネタでもそううまく話題となって拡散していくものではない。先に述べたキーワードを改めて整理してみると、「お笑いコンビ→栃木県→サクレレモン→フタバ食品」というような連鎖が自然にでき、さらにはサクレレモンを過去に食べたイメージの喚起などがそこに相まって情報の膨らみを生んだのである。

ツイッターで育むディープ(?)な世界

これは、フタバ食品にとって新鮮な驚きであった。

今日、全国的に知られるブランド商品を持つメーカーといえども販売面では流通の仕組みにがっちりと組み込まれており、直接のコミュニケーションは問屋やスーパーマーケット、コンビニエンスストアのバイヤーに限られる。ときどき、消費者のモニタリングをするとはいえ、そこでは自由なコミュニケーションは必ずしも期待できない。

しかし、メーカー自身が関与できない自由なネットワークの上で、消費者は商品を話題にし、盛り上がり、場合によっては購入のきっかけを得ている。しかも、そのコミュニケーションがポジティブに展開すると、メーカー側からは想像もつかない速さと勢いで動き出していく。シナリオがない分だけ、ときにはめちゃくちゃ楽しく、活気をはらんだ世界がつくり出される。

この体験を経て、フタバ食品はユーザーと直接つながる試みを始める。

サクレレモンの公式ツイッターである。ツイートしているのは「サクレたん」。サクレレモンを心から愛する社内の担当者である（現在3代目）。

朝は「おはサクレでございますっ゛(*゜ロ゜*)ノ」から始まり、「こんにちわぎりレモンでございます゛(*゜ロ゜*)ノ」「今日もサクレ日和ですね♪」「夏バテつらいですもんね(、ロ、。)サクレでクールダウン♪」（いずれも原文ママ）といった具合に、サクレたんのサクレ愛やサクレへの思い入れがファンの人たちにも伝わり、ディープなコミュニケーションを育んでいる。

「話題を商品にする」というシンプルなテーマを追求

ツイッターでの発信にとどまらず、2012年にフタバ食品はレシピブログとコラボして「サクサクレシピコンテスト」を実施した。レシピブログは、料理が好きなブロガーが登録するポータルサイトで、現在の登録ブログ数は1万5000件以上になるという。

コンテストは、レシピブログの発信力を活かして、多くの人にサクレレモンを使った新しいスイーツやドリンクのレシピを開発・応募してもらおうというもの。わずか30日で何と299件の応募があり、その中から〝ローズミント〟さんの「ラズベリーレモネード」がグランプリに輝いた。

このサクサクレシピコンテストの募集や、受賞レシピの公開などについては、レシピブログのサイト上だけでなく、サクレレモンの公式ツイッターでも情報発信を行った。

このように、フタバ食品は「サクレレモンを話題にする」という、極めてシンプルなコミュニケーション・テーマを掲げ、それを個と個をつなぐネットワークに乗せようとしている。メーカー発のこうした試みがほかにないわけではないが、その多くはともすると「メーカー発」というテーストや姿勢が見え隠れして、個のネットワークとは異相の存在に陥りやすい。それに対して、フタバ食品の展開は、会社自身もあたかも一個人のような存在であるという自然体で行われている。

この試みは必ずしもまだ大きな花や実にはなっていないかもしれないが、新しい可能性を感じさせるものである。情報ネットワークの世界で、サクレレモンが何を生み出すか、マーケティングの手法を考える上でも次の展開が大いに楽しみだ。

KEYWORD

親近感を生み出す顧客参加型マーケティング

【顧客参加型マーケティング】
消費者を単に情報の受け手として考えるのではなく、日常的にコミュニケーションをしたり、イベントに参加してもらったりしながら、一緒になって新たな付加価値を生み出そうとする手法。

フェイスブックやツイッターといったSNSは、誰もが気軽に参加して情報を発信できるツールとして年々広がりを見せている。企業にとっても、消費者とフラットにつながったり、さまざまなキャンペーンやイベントへの消費者参加を促進したり、マーケティングにおけるSNS活用はいまや欠かせないものとなっている。

フタバ食品の〈サクレレモン〉も、キャラクターによるツイッターでの展開や、さらには〈サクレレモン〉を素材としたレシピを募集するなど、SNSを積極的に活用して、顧客参加型のマーケティングを推進している。消費者がイベントやキャンペーンに気軽に参加できるように、地場である栃木県出身のタレントを起用して親近感を醸造している。サクレレモンを素材として、つながり参加できるコミュニケーションの場をつくり、消費者とのリレーションを形成させている。

第5章　BIGサイズでストレートに訴求

森永製菓〈チョコモナカジャンボ〉

江崎グリコ〈ジャイアントコーン〉

明治〈明治エッセルスーパーカップ　超バニラ〉

森永製菓〈チョコモナカジャンボ〉

すべては「パリパリ」に始まり「パリパリ」にこだわり続ける

現在のアイスクリーム人気を支える商品は、長い歴史を持つものが少なくない。森永製菓の〈チョコモナカジャンボ〉もそうした商品の一つである。1972年にチョコモナカとして発売。その後、約30年間、センターにチョコレートソースを入れたり、それを板チョコに変えたり、モナカを12山から18山に増やしたりなど、いくつものリニューアルをくり返してきた。そして2003年、「パリパリ」のキャッチフレーズとともにチョコモナカジャンボの快進撃が始まる。

チョコモナカジャンボ倍増作戦

強力なブランドをつくれ！

アイスクリーム業界にとって「失われた10年」ともいわれる１９９５年から２００３年までの低迷期、各メーカーは赤字に苦しんでいた。問屋との特約店制度など過去のしがらみの中でもがきつつ、必死に現状打破を模索していたのである。

日本の西洋菓子のパイオニアを自任する森永製菓株式会社（以下、森永製菓）の冷菓部門でも、赤字体質からの脱却のために過去に例を見ない大鉈《おおなた》がふるわれた。

営業所の集約、営業担当者を減員しての人件費の削減、冷蔵庫など冷凍物流のコスト削減など、内部の構造改革が次々に実施された。その一方で、１９７０年代の半ばに本格展開が始まったコンビニエンスストアが店舗数と売上額で確実に数字を伸ばしていた。それにともない、コンビニエンスストアにおけるアイスクリームの販売量も増加し、利益の出るアイスクリームのブランドを確立するという課題も急務となった。それまでアイスクリームの大きな販売チャネルはスーパーマーケットだったが、スーパーで商品を売るには、価格競争が避けては通れない道となっていた。その点、コンビニエンスストアは定価販売である。ただ、店舗面積が狭い分だけ、お店に置いてもらえる商品、すなわち定価であっても買ってもらえる商品の開発が求められていたのである。

当時の森永製菓冷菓部門では、100以上のアイテムを保有し、製造・販売していた。現在の約30アイテムからすれば、とんでもない多アイテム状態である。それは、各メーカーともに専売卸店を有し、小売店の品揃えを1つのメーカーで行えるという環境をつくる必要があったからである。

当時各メーカーとも品種の多さから現在に比較すると在庫水準が多く、みぞれカップなどの氷菓系在庫も夏が暑くなるかどうかで大量の在庫を1年越しに抱えるという事業構造だったため、赤字の原因になってしまっていた。これは冷菓業界共通の課題であった。各メーカーともにお客様から絶対的に支持される強力なブランドが必要とされていた。

再び「大きいことはいいことだ！」

1990年代後半、バブル景気は崩壊していたが、世の中はまだ豊かさを求めていた。

1995年にウィンドウズ95が発売され、徹夜で行列をつくるフィーバーぶりが話題となった。96年には「たまごっち」が流行。「アムラー」と呼ばれた若い女性たちは人気歌手の安室奈美恵に憧れて茶髪をなびかせ、厚底の靴で街中を闊歩していた。95年には阪神・淡路大震災が発生し、凶悪な地下鉄サリン事件も起こるなど、暗いニュースも数多くあったが、まだこの時代にはバブル景気の名残を感じさせるものがあったのである。

そんな中で、アイスクリーム業界では商品の「サイズ」「ボリューム」によって差別化を図るという試みが始まりつつあった。森永製菓は、1960年代に「大きいことはいいことだ！」のキャッチフレーズで一世を風靡したエールチョコレートを世に送り出した経験を持っている。

このときのテレビCMに起用されたのが、トレードマークの髭とオーバー

パッケージの変遷

1972年、
チョコモナカとして発売。

1996年、
チョコモナカジャンボとしてリスタート。

2003年、
「パリパリ!」を前面に。

アクションの指揮で人気があった音楽家の山本直純。富士山をバックに気球に乗り、CMソングに合わせて、大きくタクトを振るというもので、60年代を代表する、記憶に残るテレビCMの一つとまで言われた。「大きいことはいいことだ！」というキャッチフレーズも流行語となり、大きなサイズのエールチョコは大ヒット商品となった。

そういう成功体験も後押ししたのか、森永製菓はアイスクリーム・マーケットに「ビッグサイズ」を基軸とした差別化を仕掛けていく。

1996年、すでにアイスモナカの領域で一定の支持を得ていたチョコモナカデラックスを、大幅にリニューアルする。センターのチョコレートソースを板チョコに変え、モナカの山を12山から18山にして増やし、大きさを訴求する〝ジャンボ〟の呼称を付けて、〈チョコモナカジャンボ〉の商品名で発売したのだ。

これが功を奏した。モナカの中にアイスクリームを入れるという、日本ならではの発想から生まれたアイスモナカのジャンルにはライバルもいたが、まず「ビッグサイズ」訴求によってチョコモナカジャンボは一歩抜け出していく。

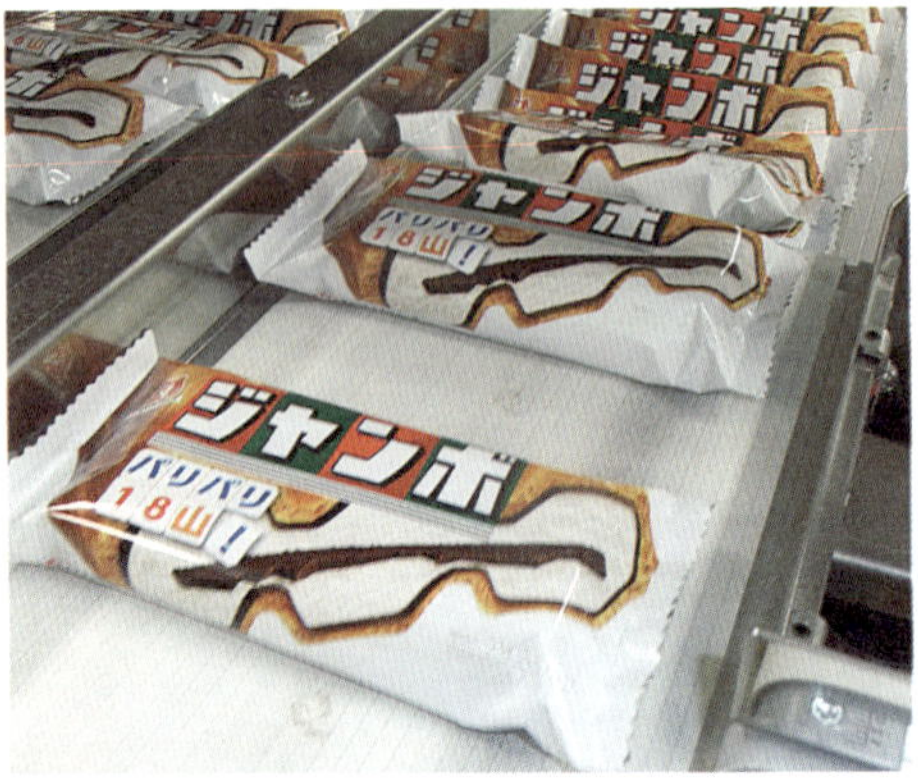

強いブランドをつくることが激しい競争を生き残る命題でもあった。

「チョコモナカジャンボ倍増作戦」スタート！

さらなるステップアップを期して2001年、森永製菓社内で「チョコモナカジャンボ倍増作戦」が開始される。組織小売業の隆盛により、専売卸店制度自体が成り立たなくなるという事業環境のもと、メーカーにとっては消費者や組織小売業に支持される強いブランドをつくり上げることが生き残りをかけた命題でもあった。当時のチョコモナカジャンボ営業担当で、現冷菓マーケティング部長の塚本知一は次のように振り返る。

「チョコモナカジャンボの販売規模は、当時、現在の3分の1以下でしたが、我々の数あるラインナップの中では上位にありました。組織の方針として倍の規模にするという号令のもと、『チョコモナカジャンボ倍増作戦！』がスタートしました」

倍増作戦などというと、少々荒っぽい話に聞こえるが、実際にこれだけの数字を知ると、情熱はすべてのブレークスルーに不可欠なエネルギーと言わざるを得ない。

ただし、チョコモナカジャンボの場合でも、すぐに壁を越えることができたわけではなかった。月末締めで売上をつくるため、付き合いのある問屋に無理を承知で頼み込み、受注をもらうこともあった。しかし、無理をすれば、翌月にはそのツケが回ってくる。営業活動だけでは倍増作戦を成功させるには限界があった。

「パリパリ」マーケティングに徹する

そうか！　モナカも鮮度だ！

試行錯誤の中で、森永エンゼルデザート、森永デザート両社において新たな製造設備の検討が進められていた。その新たな製造方法が先の鮮度マーケティングの原点となる。従前にとらわれず両工場ともに試行錯誤を重ね、新たな製造方法の確立を実現することとなる。この製造方法の確立が、後に製造工場にとっては試練の始まりとなる。「必要な数量を必要なタイミングで製造する」という極めて非効率な製造体系を組まざるを得ないこととなった。

チョコモナカジャンボ倍増作戦がスタートして2001年に営業現場の最前線にいた塚本知一は、2年後のこのころ、チョコモナカジャンボのマーケティング担当になっていた。当時、1980年代後半に大ヒット商品となり、90年代以降にも好調を維持していたビール「アサヒスーパードライ」のテレビCMが多く流れていた。

「『ビールは鮮度だ！』とテレビCMから流れるコピーを聞いたときに、『モナカは焼き立ての食感がおいしいよな！』『アイスクリームのモナカ皮はしっとりとしたものばかりだ』『アイスに鮮度という概念はない！』『いけるかもしれない』と思いました。アイスクリームの焼き物はコーンにしてもモナカにしても、時間が経つと水分を吸って食感が柔らかくなってしまいます。でもモナカは、パリッとしたものがおいしいはずなんです。チョコモナカジャンボはもともとそれを追求していましたが、あらためてそこに至っていないことに気付かされたのです」

この気付きを社内で共有し、「パリパリ」の鮮度が保たれるように、「工場で製造してから店頭に並ぶまで、突きつめれば一般消費者に食べていただくまでの日数をいかに短くするか」という課題へのチャレンジが始まった。

そのためには、出荷されたチョコモナカジャンボが倉庫に保管される期間をできるだけ短くする必要がある。小売店や中間卸での在庫を少なくし、店頭で売れた分をこまめに発注してもらい、それにスピード感をもって応えていくことが理想である。以前の、月末に売上をつくるために問屋に大量受注をお願いするという営業スタイルからすると、180度の転換となる。

キーワードは「パリパリ」

チョコモナカジャンボは1996年のリニューアルデビュー時から、センターの板チョコだけでなくモナカの内側にもチョコレートコーティングが施されていた。1998年に、これを特製のチョコレートコーティングに進化させ、吸湿防止効果を高めることに成功。モナカのパリパリ感がより鮮明になっていた。

しかし、このパリパリ感を社内ではまだ商品の特徴としてのみとらえ、ブランドイメージの大きな訴求ポイントになるとまでは考えていなかったのである。

一般消費者も「チョコモナカジャンボはほかのアイスモナカよりもパリパリしている」とは分かっていたと思われるが、できたてに近いものを食べるほど「パリパリがおいしい」という情報はインプットされていなかった。

情報発信がなかったのである。

転機は、パリパリ感を高めたチョコレートコーティングが始まってから5

年近く経ったころに訪れた。鮮度をテーマに「パリパリ」を訴求するマーケティングと営業展開が動き出し、情報発信にもスイッチが入った。もっとも分かりやすい出来事は、２００３年のパッケージに「パリパリ」というメッセージが印刷されたことである。翌年にはテレビＣＭでも「パリパリを食べ

吉川晃司が熱唱するテレビCMは抜群のインパクトとなった。

人気マンガ『進撃の巨人』とのコラボレーションも話題に。

よう」というフレーズが大々的に展開されている。

それから10年。チョコモナカジャンボの製造現場はさらに「パリパリ」であるための技術革新を続け、マーケティング部門では「パリパリ」のおいしさを売上につなげる戦略を考え、広告や広報の担当者はｗｅｂサイトやＳＮＳなども使って「パリパリ」を訴求し、営業現場はお客様に「パリパリ」を食べていただけるように販売チャネルに働きかけ、物流の部署では店頭に「パリパリ」の状態をレスポンスよく届けることに徹してきた。

進化する「パリパリ」

きょうも「パリパリ」を追い求める

ひたすらに「パリパリ」を追求した成果はどうなったかといえば、チョコモナカジャンボは順調に売上を伸ばし、２００１年売上高を１００％とすると05年に２００％をクリアした。倍増作戦は文字通り成功したのである。

そして、この間に「チョコモナカジャンボといえばパリパリ」のイメージは完全に消費者に浸透した。そのため、まれに森永製菓の意に反して物流過程や店頭在庫として長期滞留した商品が店頭に出てしまうと、消費者から「パリパリではなかった」という意見が寄せられることもあるという。もちろん、そんなクレームが届けられた場合はすぐに丁寧に詫びた後、社内にフィードバックして反省と対応を行うのだが、そうした苦情があるということ自体、消費者の期待が明確だという証しといえよう。

森永製菓の研究所でチョコモナカジャンボの進化に携わり、現在は冷菓マーケティング部でチョコモナカジャンボ担当となっている山田美希は言う。

「たとえば、モナカの内側に膜をつくるチョコレートコーティングの仕方も進化しています。研究所では吸湿を遅延させるチョコレートコーティングの配合を常に研究しているので、新しい配合が見つかると工場に持っていってテストしてもらいます。製造している2社も『チョコモナカジャンボはウチでつくっている』というプライドを持っていて、スプレーの仕方なども常に検討してくれています。皆、パリパリについて考えていて、これで100点とは誰も思っていないのです」

「パリパリ」にかける情熱は、冷めることがないようだ。

ところで、鮮度が命のチョコモナカジャンボである。工場でできたてを食べたら、どれほどのものであろうか。

「むちゃくちゃおいしいです！」と山田美希はうれしそうに答え、こう続けた。

「新入社員には必ず工場直送のチョコモナカジャンボを食べてもらいます」

なるほど、その経験が森永製菓社員の原点になり、さらなるおいしさを追求する情熱を生み出すことにもなるのだろう。

KEYWORD

パリパリという経験価値

【経験価値】

商品やサービスの価格的な価値ではなく、その商品やサービスを使うことによって得られる感動や満足を表す主観的で感覚的な価値のこと。

〈チョコモナカジャンボ〉のパッケージには「パリパリ」という文字がある。このパリパリという文字を見たとき、このアイスを食べた経験のある人なら、ずっと冷蔵庫に入っていたとは思えない、バニラアイスをくるんでいたとは思えない、モナカのそのフレッシュなパリパリ感の記憶が蘇るだろう。この直接的な生き生きとシズル感ある言葉によって、あのパリパリ感を思い出し、消費者はまた〈チョコモナカジャンボ〉を食べたくなるという仕組み。

ただ、本当にパリパリでなければ、「パリパリ」の文字を見ても「パリパリ」の経験は蘇らない。実際に期待した以上の体験をさせることで、消費者の記憶の中で経験価値として根付かせているのだ。モナカがバニラと接した際にふやけてしまわないように、チョコレートコーティングを改良し、新鮮さを保つために流通も見直した森永製菓の「パリパリ」への情熱が、その経験価値を支えているのである。

江崎グリコ〈ジャイアントコーン〉

ただの「ジャイアント」を超えるジャイアントへ

トッピング、チョコレート、アイスクリーム、コーンという4つの素材を一度に楽しめる〈ジャイアントコーン〉には、江崎グリコ株式会社（以下、江崎グリコ）のスピリットが込められている。菓子メーカーの強みと、アイスクリーム業界にやや遅れて参入したがゆえの巻き返し。この商品が50年以上にわたり消費者に愛され続ける理由は、脈々と受け継がれる決して変えない部分と、時代に即して柔軟に変えていく部分との「組み合わせ」にもあった。

後発メーカーとしてのスピリット

機材をアメリカから直輸入して研究開発

〈ジャイアントコーン〉の前身、〈グリココーン〉が発売されたのは１９６３年。東京五輪が開かれる前年、日本経済が急激に成長する前夜のことであった。

江崎グリコはその10年前、１９５３年から東京でアイスクリームの生産、販売を始めている。57年には九州でも生産、販売を開始するのだが、すでに国内の各乳業メーカーはアイスクリームを販売しており、後発メーカーである江崎グリコが新規に参入するのは、なかなか難しい状況だった。

その一因として挙げられるのは、販売チャネル。当時、アイスクリームを販売していたのは駄菓子屋などの個人商店である。子どもがおこづかいを握りしめ、店頭の冷凍ショーケースから商品を取り出し、お店の人にお金を払う。それが一般的なアイスクリームの買われ方だった。

小売店に冷凍ショーケースを設置するのはメーカーの役割である。そのため、菓子を取り扱ってきた問屋とは異なるルートを新規開拓しなければならなかった。当時の江崎グリコは、ショーケースを展開するかたわら、商品開発に力を入れ、商品の話題性で小売店の取り扱いを増やす作戦に出た。結果、消費者の評判も上々、販売エリアは徐々に拡大していった。

アイスクリームの市場参入にあたり、さまざまな市場調査を進め、当時のアメリカでは市場の20％がコーンタイプで占められていることに着目。さっそく、アメリカのコーンタイプアイスのPRフィルムを入手し、研究を進めた。当時、国内でアイスクリームといえば、カップアイス、アイスキャンデ

1963年、〈グリココーン〉発売。

パッケージの変遷

1984年、現在の原型となる
大幅リニューアル。

1980年、この2年前に
〈ジャイアントコーン〉と名称変更。

2015年春
現在のパッケージに。

1994年、前年に
マルチパックを発売。

ィーが主流であり、コーンアイスはほとんど存在していなかった。「日本でコーンアイスを売ろう！」を合言葉に、アメリカから製造機材一式を輸入し、コーンアイスの研究開発にとりかかった。こうして試行錯誤を重ねた末、1963年にグリココーンが誕生。66年にはジャイアンツコーン、78年にはジャイアントコーンと商品名を変更し、そのつど進化をしていった。

「でっかいおいしさの満足」に込められたポリシー

1990年代、アイスクリーム業界には商品の大型化というトレンドが押し寄せた。各社から続々と大容量の新商品が投入される中、江崎グリコがジャイアントコーンで目指したのは「でっかいおいしさででっかい満足感を提供するモノづくり」。商品名に「ジャイアント」という言葉を使い、商品を大幅リニューアルする際には常に容量アップを実現してきたこともあって、業界各社が大型化に動き出したときには、いち早くその一歩先へ踏み出すことができたのである。

「でっかいおいしさの満足」という言葉にはいろいろな「ジャイアント」が

込められている。容量の大きさによって得られる十分な食べごたえという満足。ただ容量が大きいだけではなく、トッピング、チョコレート、アイスクリーム、コーンの素材一つひとつがおいしいという満足。4つの素材を組み合わせて楽しめる満足。これらの満足はリニューアルを重ねても変わることなく受け継がれてきた。

菓子づくりのノウハウを生かす

ジャイアントコーンの最大の特徴は、トッピング、チョコレート、アイスクリーム、コーンの4つの素材が1つの商品として一体になっていること。この構成は、前身のグリココーンが発売されたとき、すでに確立されていた。菓子メーカーならではのコンセプトであった。

製造にあたっては、一定のクオリティーを保つための調整が必要となる。単一素材のカップアイスであれば、容器にアイスクリームを充填するという一工程の調整だけで済むが、素材の数が多いと工程も増えることになる。しかもコーンのサクサクとした食感を損なわないよう、あらかじめ内面をチョコレートでコーティングしておくなど、さらに細かい工程も付け加えられる。

アイスクリームの世界ではジャイアントコーンほど多くの素材を使った商品は見られないが、ここがまさに菓子メーカーの腕の見せどころ。江崎グリコのスピリットが詰まったアイスクリーム。それがジャイアントコーンなのである。

消費者の満足度を高める秘けつ

個性的な素材がチームプレーをする商品

パッケージを開けて、トッピングとチョコレートをガブリ。続いてアイスクリームをガブリ。食べ進むうち、アイスクリームとコーンをガブリ。といった具合に、順々に移り変わる味や食感を楽しめるジャイアントコーンの4つの素材は、ほかの素材との組み合わせによって複合的なおいしさのハーモニーを紡ぎ出すよう、チューンアップされている。いわば素材のチームプレーであるが、一つひとつの素材がひたすらチームプレーに徹しているわけでもない。

レギュラーフレーバーの「チョコナッツ」を見てみよう。まずトッピングのピーナッツには、キャンディーコートがしてあり、いつでもカリッとした食感を楽しむことができる。同時にピーナッツの香ばしい味わいも楽しめる。

チョコレートはこだわりのブレンドチョコを使用している。バニラアイスはチョコレートの風味に負けないよう、味を深めに調整。コーンはコーンメーカーからの供給素材だがオーダーメードだ。既製品ではなく、アイスクリームやチョコレートと合うように、配合や焼き加減を定めている。さらに、アイスクリームとコーンの間にもチョコレートがあり、コーンが湿気を吸いにくいよう加工がしてある。こういった具合に、ジャイアントコーンのチームプレーはしっかりとした個性を持った素材の集合なのだ。これが「でっかいおいしさ」の秘けつである。

フレーバーを増やさないことが売上につながる

ジャイアントコーンのレギュラーフレーバーは3種類。「チョコナッツ」「クッキー&チョコ」「クッキー&クリーム」。それに、季節限定品が1種類の合計4種類ある。

発売から半世紀あまり。実はこれまで、1970年に8種類、73年に10種類とフレーバーを拡大したものの、74年になって2種類に集約した歴史がある。この70年代前半の試行錯誤を踏まえ、いまのところ、一度に4種類を超える商品を展開する予定はない。理由は、コーンの鮮度を保つためである。

1970年代前半に行ったフレーバーの拡大と集約について、コーンの鮮度という側面から説明しよう。フレーバーの種類を増やしすぎると、消費者の購買が分散してしまう。すると、商品の回転速度にもバラつきが発生し、店頭の在庫にもバラつきが出る。店頭に在庫が残ったままだと結局、コーンの鮮度が落ちる。

通常、コーンアイスで最後に食べるのはコーンの部分である。このアンカー役の風味が満足いくものでなければ、消費者の満足度を高めることができない。フレーバーの種類を極力絞るのは、消費者に十分な満足を届けよう、満足してもらうことで売上を高めようという、同社の姿勢なのだ。

定番の安心感を生み出す

パッケージを変えたらジャイアントコーンではない

長い間愛され続け、売れ続けてきた商品には「定番感」という大きな武器がある。買物に行くと必ずその商品があり、いつも同じあの味を楽しめる。消費者にとってこの安心感は、たまらない。

ここで登場してもらうのは、マーケティング本部アイスクリームマーケティング部青木淳二である。パッケージに関する青木の話が興味深いものだったので、より臨場感を伝えるために、インタビューをそのまま再現する。

――昔は開封したとき、パッケージにクリームやチョコがついてしまったことがありました。でも最近、それが少なくなった気がします。

青木　パッケージに関しても、使いやすさを求めて改良を重ねています。食べたいと思ったらパッと開けて食べ始めたいのに、アイスがパッケージにくっついていたり、うまく開けられなかったりすると、ものすごく不満が募りますからね。

——すぐ開けられる？

青木　かといって、店頭で開いてしまったらよくないので、開封性を調節するわけです。ミシン線の入れ方ひとつとっても、引き裂きやすい角度はどうなのかなど、デザインと技術を両立するよう、いまでも試行錯誤の連続です。

——柔らかいパッケージをペリペリと開けるスタイルはずっと同じですよね。

青木　見た目はいっしょですが、材質がずいぶん変わってきていますし、貼り合わせる資材の選定も進化しています。やはり食べづらいのはいやですよね。ちょっとでも楽しく食べていただけるよう、見えづらいところの工夫も続けています。

——パッケージを違う素材に変えるという話は出ませんか。

青木　あれをもってジャイアントコーンと認識されていますから。たとえ開封性がよくなるとしても、容器を変えた瞬間にそれはジャイアントコーンではなくなってしまいます。逆にたとえば他社さんがこのパッケージを採用しても、お客様は「ジャイアントコーンの味違い」と勘違いされるケースが非常に多いです。

――まさにブランドですね。

青木　そうです。このフォルムで認知されている以上、このパッケージ抜きにはブランドは語れない気がします。

定番ブランドというものは、商品名や味はもちろん、パッケージも含めて消費者に十分認知されていることが分かる。

テレビCMで踊り場状態を脱出

１９８４年、販売促進の面で大きな転機があった。ターゲットを子どもから30～40代の主婦層へとシフトするとともに、容量アップ、パッケージの開封性の向上、アイス、コーンなどの味質の向上など、現在のジャイアントコーンの原型となる大幅リニューアルを実施。また商品名の「ジャイアント」とかけて、誰もが分かりやすい「でっかさ」のシンボルとしてプロレスラーのジャイアント馬場を起用したテレビCMも大いに話題となった。

青木淳二が説明する。

「80年代前半、売上は伸びてはいたのですが、やや頭打ちになりかけていました。どの商品にでもある踊り場状態です。そこで商品のお客様に対するPRのアプローチの仕方を大幅に変えました。テレビCMに馬場さんと、人気絶頂だったアイドルの堀ちえみさんを起用、大きい馬場さんと小柄な堀さんというコントラストが好評いただきました」

小柄な女性タレントが出演したことで、「ジャイアント」が強調され、消費者の購買意欲を高める商品がメッセージになったということだろう。

この大幅リニューアルが功を奏し、一気に踊り場状態を脱出。現在のジャイアントコーンもこのときのリニューアルが原型となっている。以後、

２０００年代にやや売上が停滞した時期はあったものの、総じて安定した売上を見せ、発売50周年を迎えた２０１３年には最高の数字を記録した。

マルチパック発売で年配層にもリーチ

ブランド商品として十分な認知度を持つジャイアントコーン。業界が大容量化のトレンドにあった１９９３年には、マルチパックを発売した。青木が解説する。

「マルチパックは年配の方にもご愛顧いただく商品です。もともとジャイアントコーン自体が大きい商品ですので、お年を召された方からはなかなか食べきれないという声をいただくこともありました。一度開封したものを家庭の冷凍庫に残しておくこともできません」

ノベルティ（個食タイプ）が１４０㎖なのに対して、現在、マルチパックはノベルティの半分以下の１本60㎖。これにより、ノベルティを食べきれない層もカバーできるようになった。

「ＴＰＯに合わせたサイズがあるという視点が大切だと考えています。たとえばペットボトルの飲料で『500㎖より2ℓの方が価格が安い』ということがあります。かといって2ℓがお得かというと必ずしもそうではなくて、たとえ割高だとしても500㎖を必要とする場合があります。ノベルティのサイズでは食べ切れない。でも、ジャイアントコーンは食べたい。そういったニーズがあるならば、そこにお応えしていくのも、重要な役割と考えます」

サイズは変わっても、「でっかいおいしさ」は変わらない。幅広いターゲットのニーズに応えていく商品開発も、ブランドの地位を確保している強みがあってこそ可能なのである。

KEYWORD

ジャイアントを守るブランドアイデンティティ

【ブランドアイデンティティ】brand identity
商品やサービスの自社と他社との違いを消費者に明確に示すための指標。これによって、消費者はブランドの価値を見出す。

　次々と新製品が生まれるアイスクリームのラインナップの中でも、あの大きな三角錐のパッケージを見ると〈ジャイアントコーン〉だと一目で分かる。そして食べたときの、コーンがサクッとして、チョコレートがパリッとして、アイスクリームがフワッとして、ナッツがカリッとしている、さまざまな食感が交じり合っているあの感覚はずっと変わらない。

　江崎グリコの〈ジャイアントコーン〉は独特の大きな三角錐のパッケージ、それを引っ張り開けるスタイル、「サクッ、パリッ、フワッ、カリッ」の4つが織りなす食感、といった要素をブランドのアイデンティティとして大切に守り続け、テレビCMでも明確にそのブランドアイデンティティを打ち出している。この、ずっと続く揺るがないブランドアイデンティティが「安定した変わらなさ」として消費者の中に根付き、安心して買える定番として不動の地位を築いているのである。

明治〈明治エッセルスーパーカップ　超バニラ〉

「スーパー」という文字に込められたイノベーションへの思い

アイスクリームと言って、まず思い浮かぶのはやはりバニラ味。とくにカップアイス市場で各社が展開するバニラアイスクリームは、それぞれの会社の味覚への志向、情熱、技術力などを反映し、たいへん興味深い。その市場で売上数量トップを走り続けているのが、株式会社明治（以下、明治）の〈明治エッセルスーパーカップ　超バニラ〉だ。日本人の多くが親しんでいるバニラの味と大きなカップ。強力なブランドが生み出され、消費者に浸透するまでにはどんな物語があったのだろうか。

「スーパー」の名にふさわしいカップアイス

１９９０年、レディーボーデンブランドとの提携解消

１９９０年、明治乳業株式会社（当時、現・株式会社明治）のアイスクリーム部門に衝撃が走った。米国・ボーデン社との技術提携の解消である。明治がボーデン社として71年に発売したレディーボーデンは、「アイスクリームの芸術品」のキャッチフレーズにたがうことなく高級アイスクリーム市場を代表するブランドであった。ところが、ボーデン社が日本国内で自社販売網を展開したいという思惑から、提携解消という結末に至ったのである。

当時のレディーボーデンは明治のアイスクリーム部門の売上で少なくない割合を占めていた。この数字が消えるのである。大きなブランドを失った痛手は大きく、それを埋めるべく明治は純国産プレミアムアイスクリーム〈彩〉をはじめ、さまざまなジャンルの商品を投入した。この発売商品の中に、バニラアイスクリームの〈明治エッセル〉（１９９１年発売）があった。

※1994年から、レディーボーデンはボーデン社とロッテ（ロッテアイスが担当）のライセンス生産契約により、生産・販売されている。

「2つのスーパー」を基軸にしてモデルチェンジ

1994年、エッセルは過激ともいえるモデルチェンジを図る。

当時、定価100円のカップアイスの容量は150㎖が一般的であったのに対して、エッセルの新商品は「常識はずれ」ともいうべき200㎖というボリュームであった。一目で誰もが「大きい！」「デカイ！」と感じたが、それは容器が見慣れた落とし蓋ではなく、ワンピースのかぶせ蓋を採用していたことにも起因していた。しかも、そのかぶせ蓋を開けると、中身も容器の最上部までいっぱいに入っている。

さらに、ひと口食べた途端に、それまでのカップアイスのバニラとは違うおいしさがそこにはあった。レディーボーデンで培ったスーパープレミアムの技術と植物性油脂の活用により「濃厚な風味」「なめらかな舌触り」「シャープにキレる」という品質コンセプトが明確に実現されていたのだ。